铁路职业教育铁道部规划教材

通 信 电 源

郑毛祥 主 编

王 邻 主 审

U0304520

中国铁道出版社有限公司

2019年·北京

内 容 简 介

　　本书为铁路职业教育铁道部规划教材,其主要内容包括:通信电源的系统概述、交流供电系统、空调设备、直流供电系统、电池产品技术及维护、UPS技术、电源监控系统、电源工程设计、通信电源安全防护和电源设备维护等。在内容编排上考虑到了认识规律的顺序,并且包含所需知识、能力,有利于提高读者学习的主动性,达到提升职业岗位能力的目的。

　　本书主要适合高职高专通信专业作为教材使用,也可供从事通信电源系统维护和管理的人员参考。

图书在版编目(CIP)数据

通信电源/郑毛祥主编 . —北京:中国铁道出版社,2011.8(2019.8重印)
铁路职业教育铁道部规划教材
ISBN 978-7-113-13279-8

Ⅰ.①通…　Ⅱ.①郑…　Ⅲ.①电信设备—电源—职业
教育—教材　Ⅳ.①TN86

中国版本图书馆 CIP 数据核字(2011)第 164416 号

书　　名:通信电源

作　　者:郑毛祥

策　　划:武亚雯　朱敏洁
责任编辑:金　锋　　　　电话:010－51873125　邮箱:jinfeng88428@163.com
编辑助理:吕继函
封面设计:崔丽芳
责任校对:焦桂荣
责任印制:陆　宁

出版发行:中国铁道出版社有限公司　(100054,北京市西城区右安门西街8号)
网　　址:http://www.tdpress.com
印　　刷:三河市宏盛印务有限公司
版　　次:2011 年 8 月第 1 版　　2019 年 8 月第 6 次印刷
开　　本:787mm×1 092mm　1/16　印张:12.25　字数:300 千
书　　号:ISBN　978-7-113-13279-8
定　　价:32.00 元

前　言

　　本书由铁道部教材开发小组统一规划，为铁路职业教育规划教材。本书是根据铁路职业教育铁道通信专业教学计划"通信电源"课程教学大纲编写的，由铁路职业教育铁道通信专业教学指导委员会组织，并经铁路职业教育铁道通信专业教材编审组审定。

　　本书编者对企业现状进行了更加深入的调研，以相应岗位的人才需求为依据，以现代高等职业教育的教学思想为指导，在编写思路和内容形式上，做了一些探索和尝试，力求内容简明实用，形式上体现了现代职业教学理念，突出时代特点。

　　随着科技的发展，通信电源技术和维护理念也日新月异，本书从电源设备的更新换代、供电方式的改变和维护模式的变革三方面充分考虑，十分注重编写内容在通信行业应用的一致性乃至前瞻性。

　　通信电源涵盖的知识面非常宽，包含交流配电、油机发电机、通信室空调设备、通信用蓄电池、直流不间断电源系统、交流不间断电源系统、接地与防雷、通信电源工程、通信电源及环境集中监控、通信电源日常维护等内容，本书以合理的方式组织电源系统中相对独立的各部分知识点，使教学围绕以通信电源系统之间相互内在联系的系统性为主线组织编写。在实际教学过程中易于学生理解和教师讲授，进而使学员掌握专业知识。

　　结合我国现阶段正大力发展职业教育，本书在考虑我国现阶段高等职业教育实际情况的基础上，在教材的编写过程中，重视培养学生的学习能力、实践能力和创新能力，在培养学生实际工作能力方面进行了许多尝试。

　　本书由武汉铁路职业技术学院郑毛祥担任主编，南京铁道职业技术学院王邠担任主审，武汉铁路职业技术学院苏雪参与了本书的第一章、第二章、第十章的编写工作。

　　刘莉对本书进行了初审，提出了很多宝贵意见，在此一并表示感谢。

　　由于编者水平有限，书中难免有疏漏和不妥之处，恳请读者批评指正。

编　者

2011 年 6 月

目　录

第一章

通信电源系统概述

通信设备需要电源设备供电,通信电源作为通信系统的"心脏",在通信局(站)中具有重要地位。它包含的内容非常广泛,通信电源设备包括交、直流配电设备、高频开关电源、逆变器、发电机组、供电线路、不间断电源、通信用蓄电池组和接地装置等。但通信电源的核心基本一致,都是以功率电子为基础,通过稳定的控制环设计,加上必要的外部监控,最终实现能量的转换和过程的监控。通信电源安全、可靠地工作是保证通信系统正常运行的重要条件,通信电源应保证对通信设备不间断、质量良好地供电。通信电源的容量及各项指标应能满足通信设备对电源的要求。

第一节　通信设备对电源系统的基本要求

一、通信设备对电源的一般要求

1. 可靠性高

一般的通信设备发生故障影响面较小,是局部性的。如果电源系统发生直流供电中断故障,其影响几乎是灾难性的,往往会造成整个电信局、通信枢纽的全部通信中断。对于数字通信设备,电源电压即使有瞬间的中断也是不允许的。因为在数字程控交换局中,信息存放在存储单元中,虽然重要的存储单元都是双重设置的,若电源中断,两套并行工作的存储器也会同时丢失信息,则信息需从磁带、软盘等中重新输入,通信将会长时间中断。因此,通信电源系统除了要在各个环节多重备份外,更重要的是保证供电可靠,这包括"多路、多种、多套"的备用电源。在暂时还没有条件达到"三多"配置的地方,至少应要有后备电池。

2. 稳定性高

各种通信设备都要求电源电压稳定,不允许超过规定的变化范围,尤其是计算机控制的通信设备,数字电路工作速度高,频带宽,对电压波动、杂音电压、瞬变电压等非常敏感。因此,供电系统必须有很高的稳定性。

3. 效率高

能源是宝贵的,电信设备在耗费巨资完成设备投资后,在日常的费用支出中,电费是一笔比重很大的开支。尤其随着通信容量的增大,一个母局的各种设备用上百、上千安培直流的用电量已是司空见惯,这时效率问题就特别突出。这就要求电源设备(主要指整流电源)应有较高转换效率,电源设备的自耗要小。

二、现代通信对电源系统的新要求

1. 低压、大电流、多组供电电压需求

低压、大电流、多组供电电压需求,功率密度大幅度提升,供电方案和电源应用方案设计呈现出多样性。

2. 模块化:自由组合扩容互为备用

模块化有两方面的含义,其一是指功率器件的模块化,其二是指电源单元的模块化。由于频率的不断提高,致使引线寄生电感、寄生电容的影响愈加严重,对器件造成更大的应力(表现为过电压、过电流毛刺)。为了提高系统的可靠性,把相关的部分做成模块。把开关器件的驱动、保护电路也装到功率模块中去,构成"智能化"功率模块(IPM),这既提高了系统的安全系数,又缩小了整机的体积,方便了整机设计和制造。

多个独立的模块单元并联工作,采用均流技术,所有模块共同分担负载电流,一旦其中某个模块失效,其他模块再平均分担负载电流。这样,不但提高了功率容量,在器件容量有限的情况下满足了大电流输出的要求,而且通过增加相对整个系统来说功率很小的冗余电源模块,极大地提高了系统可靠性,即使出现单模块故障,也不会影响系统的正常工作,而且为修复提供了充分的时间。

现代通信要求高频开关电源采用分立式的模块结构,以便于不断扩容、分段投资,降低备份成本。改变采用1+1全备用(备份了100%的负载电流)的传统方式,而是根据容量选择模块数 N,配置 $N+1$ 个模块(即只备份了 $1/N$ 的负载电流)即可。

3. 实现集中监控

随着物联网技术的兴起,现代通信运行维护体制要求动力机房的维护工作通过远程监测与控制来完成。这就要求电源自身具有监控功能,并配有标准通信接口,以便与后台计算机或远程维护中心通过传输网络进行通信,交换数据,实现集中监控。从而提高维护的及时性,减小维护工作量和人力投入,提高维护工作的效率。

4. 自动化、智能化

要求电源能进行电池自动管理、故障自诊断、故障自动报警等,自备发电机应能自动开启和自动关闭。

5. 小型化

随着现在各种通信设备的日益集成化、小型化,这就要求电源设备也相应的小型化。作为后备电源的蓄电池应向免维护、全密封、小型化方面发展,以便将电源、蓄电池随小型通信设备布置在同一个机房,而不需要专门的电池室。

6. 新的供电方式

相应于电源小型化,供电方式应尽可能实行各机房分散供电,设备特别集中时才采用电力室集中供电,大型的高层通信大楼尽可能采用分层供电(即分层集中供电)。集中供电和分散供电各有优点,应根据条件不同斟酌选用。图1-1是传统电力室采用的集中供电系统配置示意图。

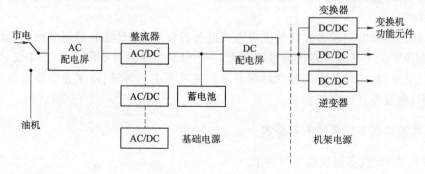

图 1-1　集中供电系统

　　对于集中供电,电力室的配置包括交流配电设备、整流器、直流配电设备、蓄电池等。各机房直接从电力室获得直流电压和机房内其他设备、仪表所使用的交流电压。这种配置的优点在于,集中电源于一室,便于专人管理,蓄电池不会污染机房等。但它有一个致命的缺点,即浪费电能、传输损耗大、线缆投资大。因为直流配电后的大容量直流电流由电力室传输到各机房,传输线的微小电阻也会造成很大的压降和功率损耗。

　　分散供电系统,如图1—2所示。对于分散供电,电力室成为单纯交流配电的部分,而将整流器、直流配电和蓄电池组分散装于各机房内。这样,将整流器、直流配电、蓄电池化整为零,使它们能够小型化,相对的小容量。

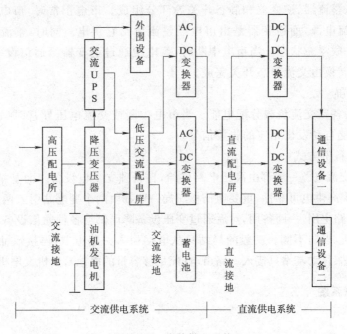

图1—2　分散供电系统

　　分散供电最大的优点是节能。因为从配电电力室到机房的传输线上,原先传输的直流大电流,现在变为传输220/380 V的交流。计算表明,在传输相同功率电能的情况下,220/380 V交流电流要比48 V的直流电流小得多,在传输线上的压降造成的功率损耗只有集中供电的1/49～1/64。但采用分散供电时,蓄电池必须是全密封型的,以免腐蚀性物质的挥发而污染环境、损坏设备(现行的全密封型的电池已经能达到要求了)。

第二节　通信电源系统的构成

　　通信电源系统主要由交流供电系统、直流供电系统和接地系统组成。

一、交流供电系统

1. 交流供电系统组成

　　通信电源的交流供电系统由高压配电所、降压变压器、油机发电机、UPS和低压配电屏组成。交流供电系统可以有三种交流电源:变电站供给的市电、油机发电机供给的自备交流电、

UPS 供给的后备交流电。

2. 油机发电机

为防止停电时间较长导致电池过度放电，电信局一般都配有油机发电机组。当市电中断时，通信设备可由油机发电机组供电。油机分为普通油机和自启动油机。当市电中断时，自启动油机能自动启动开始发电。由于市电比油机发电机供电更经济和可靠，所以，在有市电的条件下，通信设备一般应由市电供电。

3. UPS

为了确保通信电源不中断、无瞬变，可采用静止型交流不间断电源系统，也称 UPS。UPS 一般都由蓄电池、整流器、逆变器和静态开关等部分组成。市电正常时，市电和逆变器并联给通信设备提供交流电源，而逆变器是由市电经整流后给它供电。同时，整流器也给蓄电池充电，蓄电池处于并联浮充状态。当市电中断时，蓄电池通过逆变器给通信设备提供交流电源。逆变器和市电的转换由交流静态开关完成。

4. 交流配电屏

输入市电，为各路交流负载分配电能。当市电中断或交流电压异常时（过压、欠压和缺相等），低压配电屏能自动发出相应的告警信号。

5. 交流电源备份方式

大型通信站交流电源一般都由高压电网供给，自备独立变电设备。而基站设备常常直接租用民用电。为了提高供电可靠性，重要通信枢纽局一般都由两个变电站引入两路高压电源，并且采用专线引入，一路主用，一路备用，然后通过变压设备降压供给各种通信设备和照明设备，另外还自备油机发电机，以防不测。一般的局站只从电网引入一路市电，再接入油机发电机作为备用。一些小的局站、移动基站只接入一路市电（配足够容量的电池），油机发电机作为车载设备。

二、直流供电系统

1. 系统组成

通信设备的直流供电系统由高频开关电源（AC/DC 变换器）、蓄电池、DC/DC 变换器和直流配电屏等部分组成。

2. 整流器

从交流配电屏引入交流电，将交流电整流为直流电压后，输出到直流配电屏，与负载及蓄电池连接，为负载供电，给电池充电。

3. 蓄电池

交流电停电时，蓄电池向负载提供直流电，是直流系统不间断供电的基础。

4. 直流配电屏

为不同容量的负载分配电能，当直流供电异常时产生告警或保护。如熔断器断开告警、电池欠压告警、电池过放电保护等。

5. DC/DC 变换器

DC/DC 变换器将基础直流电源电压（−48 V 或 +24 V）变换为各种直流电压，以满足通信设备内部电路多种数值的电压（±5 V、±6 V、±12 V、±15 V、−24 V 等）的需要。

近年来，随着微电子技术的迅速发展，通信设备已向集成化、数字化方向发展。许多通信设备采用了大量的集成电路组件，这些组件需要 5～15 V 之间的多种直流电压。如果这些低压直流直接从电力室供给，则线路损耗一定很大、环境电磁辐射也会污染电源，供电效率会很低。为了提高供电效率,大多数通信设备装有直流变换器,通过这些直流变换器可以将电力室送来的高压直流电变换为所需的低压直流电。

另外,通信设备所需的工作电压有许多种,这些电压如果都由整流器和蓄电池供给,那么就需要许多规格的蓄电池和整流器,这样,不仅增加了电源设备的费用,也大大增加了维护工作量。为了克服这个缺点,目前大多数通信设备采用 DC/DC 变换器给内部电路供电。

DC/DC 变换器能为通信设备的内部电路提供非常稳定的直流电压。在蓄电池电压(DC/DC 变换器的输入电压)由于充、放电而在规定范围内变化时,直流变换器的输出电压能自动调整保持输出电压不变,从而使交换机的直流电压适应范围更宽,蓄电池的容量可以得到充分的利用。

6. 直流供电方式

蓄电池是直流系统供电不中断的基础。根据蓄电池的连接不同,直流供电方式主要采用并联浮充供电方式、尾电池供电方式、硅管降压供电方式等。后两种直流供电方式目前基本不再使用。

并联浮充供电方式是将整流器与蓄电池直接并联后对通信设备供电。在市电正常的情况下,整流器一方面给通信设备供电,一方面又给蓄电池充电,以补充蓄电池因局部放电而失去的电量;当市电中断时,蓄电池单独给通信设备供电,蓄电池处于放电。由于蓄电池通常处于充足电状态,所以市电短期中断时,可以由蓄电池保证不间断供电。若市电中断期过长,应启动油机发电机供电。

并联浮充供电方式是最常用的直流供电方式,采用这种工作方式时,蓄电池还能起一定的滤波作用。但这种供电方式有个缺点——在并联浮充工作状态下,电池由于长时间放电导致输出电压可能较低,而充电时均充电压较高,因此负载电压变化范围较大。它适用于工作电压范围宽的交换机。

三、接地系统

为了提高通信质量、确保通信设备与人身的安全,通信局(站)的交流和直流供电系统都必须有良好的接地装置。

1. 通信机房的接地系统

通信机房的接地系统包括交流接地和直流接地。交流接地包括:交流工作接地、保护接地、防雷接地。直流接地包括:直流工作接地、机壳屏蔽接地。通信局(站)的接地系统如图 1-3 所示。

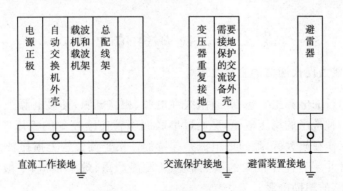

图 1-3　通信机房接地系统

2. 通信电源的接地

通信电源的接地包括:交流零线复接地、机架保护接地和屏蔽接地、防雷接地、直流工作地接地。

通信电源的接地系统通常采用联合地线的接地方式。联合地线的标准连接方式是将接地体通过汇流条(粗铜缆等)引入电力机房的接地汇流排,防雷地、直流工作地和保护地分别用铜芯电缆连接到接地汇流排上。交流零线复接地可以接入接地汇流排入地,但对于相控设备或电机设备使用较多(谐波严重)的供电系统,或三相严重不平衡的系统,交流复接地最好单独埋设接地体,或从直流工作接地线以外的地方接入地网,以减小交流对直流的污染。

接地一定要可靠,否则不但不能起到相应的作用,甚至可能适得其反,对人身安全、设备安全、设备的正常工作造成威胁。

四、通信电源的分级

无论是交流不间断电源系统还是直流不间断电源系统,都是从交流市电或油机发电机组取得能源,再转换成不间断的交流或直流电源去供给通信设备。通信设备内部再根据电器需要,通过 DC/DC 变换或 AC/DC 整流将单一的电压转换成多种交、直流电压。因此,从功能及转换层次来看,可将整个电源系统划分为三个部分:交流市电和油机发电机组称为第一级电源,这一级是保证提供能源,但可能中断;交流不间断电源和直流不间断电源称为第二级电源,主要保证电源供电的不间断;通信设备内部的 DC/DC 变换器、DC/AC 逆变器及 AC/DC 整流器则划为第三级电源,主要是提供通信设备内部各种不同的交、直流电压要求,常由插板电源或板上电源提供。板上电源又称为模块电源,由于功率相对较小,其体积很小,可直接安装在印制板上,由通信设备制造商与通信设备一起提供,三级电源的划分如图 1—4 所示。

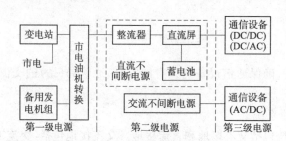

图 1—4　通信电源的分级

第三节　现代通信电源

一、开关电源成为现代通信的主导电源

在通信网上运行的电源主要包括三种:线性电源、相控电源、开关电源。

线性电源是一种常用的稳压电源,是通过串联调整管连续控制的稳压电源。线性电源的功率调整管总是工作在放大区,流过的电流是连续的。由于调整管上损耗较大的功率,所以需要较大功率调整管并装有体积很大的散热器。其发热严重、效率很低,一般只用作小功率电源,如设备内部电路的辅助电源。

传统的相控电源,是将市电直接经过整流滤波提供直流,通过改变晶闸管的导通相位角,来控制整流器的输出电压。相控电源所用的变压器是工频变压器,体积庞大。由于相控电源体积大、效率低、功率因数低,严重污染电网,已逐渐被淘汰。

开关电源的功率调整管工作在开关状态,有体积小、效率高、重量轻的优点,可以模块化设计,通常按 $N+1$ 备份(相控电源需要 $1+1$ 备份),组成的系统可靠性高。正是这些优点,开关电源已在通信网中大量取代了相控电源,并得到越来越广泛的应用。

二、开关电源的关键技术

从开关电源的发展看,它最早出现在 20 世纪 60 年代中期。美国研制出了 $20\,kHz$ 的 DC/DC 变换器,为开关电源的发明创造了条件。70 年代,出现了用高频变换技术的整流器,不需要 $50\,Hz$ 的工频变压器,直接将交流电整流,逆变为高频交流,再整流滤波为所需直流电压。

20 世纪 80 年代初,英国科学家根据以上的条件和原理,制造出了第一套实用的 $48\,V$ 开关电源(Switch Mode Rectifier),被命名作 SMR 电源。

随着器件技术的发展,出现了大功率高压场效应管,它的关断速度大大加快,电荷存储时间大大缩短,从而大大提高了开关管的开关频率。随着电力电子技术和自动控制技术的发展,开关电源的各方面的技术也得到了飞速的发展。

在各方面的技术进步中,对开关电源在通信电源中形成主导地位有决定性意义的技术突破有以下四项:

(1)均流技术使开关电源可以通过多模块并联组成前所未有的大电流系统并提高系统的可靠性。

(2)开关线路的发展在使开关电源的频率不断提高的同时,效率亦有提高,并且使每个模块的变换功率也不断增大。

(3)功率因数校正技术有效地提高了开关电源的功率因数。在这环保意识不断加强的时代,这是它形成主导地位的关键。

(4)智能化给维护工作带来了极大的方便,提高了维护质量,使它倍受人们的青睐。

1. 功率因数校正技术

由于开关电源电路的整流部分使电网的电流波形畸变,谐波含量增大,从而使得功率因数降低(不采取任何措施,功率因数只有 $0.6\sim0.7$),污染了电网环境。开关电源要大量进入电网,就必须提高功率因数,减轻对电网的污染,以免破坏电网的供电质量。这里介绍几种提高功率因数的措施。

(1)采用三相三线制整流

因为三相三线制没有中线的整流方式,不存在中线电流(如果有中线,三次谐波在中线上线性叠加,谐波分量很大),这时虽然相电流中间还有一定的谐波电流,但谐波含量大大降低,功率因数可提高到 0.86 以上。这种供电方式的电路如图 1—5 所示。

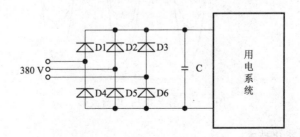

图 1—5　三相无中线整流电路

(2)利用无源功率因数校正技术

这一技术是在三相无中线整流方式下,加入一定的电感来把功率因数提高到 0.93 以上,谐波含量降到 10%以下,电路如图 1—6 所示。适当选择校正的参数,功率因数可达 0.94 以上。安圣公司生产的 100 A 和 200 A 整流模块采用了这种技术。

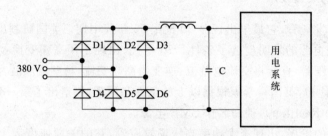

图 1—6　无源功率因数校正电路

(3)采用有源功率因数校正技术

在输入整流部分加一级功率处理电路,强制流经电感的电流几乎完全跟随输入电压变化(输入电压、电流波形如图 1—8 所示),无功功率几乎为 0,功率因数可达 0.99 以上,谐波含量可降低到 5%以下,图 1—7 示意了这种方法的电路图。可见采用有源校正后电流谐波含量大大减少,已接近正弦波,安圣公司生产的 50 A 整流模块采用了这种技术,功率因数高达 0.99。

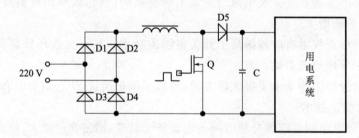

图 1—7　有源功率因数校正原理图

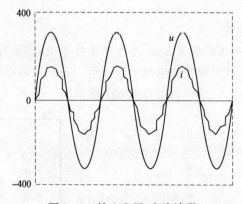

图 1—8　输入电压、电流波形

2. 开关电源的智能化技术

开关电源系统大量应用了控制技术、计算机技术进行各种异常保护、信号检测、电池自动管理等。

有专门的监控电路板分别对交流配电、直流配电的各参数进行实时监控,能实现交流过欠压保护,两路市电自动切换,电池过欠压告警、保护等功能;许多开关电源的每个整流模块内都配有CPU,对整流器的工作状态进行监测和控制,如模块输出电压、电流测量,程序控制均浮充转换等。整流模块本身能实现过、欠压保护,输出过压保护等保护功能,并能进行一些故障诊断。

电源系统配有监控单元对整个系统进行监控,电池自动管理,作为人机交互界面处理各监控板采集的数据、过滤告警信息、故障诊断,并提供通信口以供后台监控和远程监控。

远程监控使维护人员在监控中心同时监视几十台机器,电源有故障会立即回叫中心,监控系统自动呼叫维护人员。这些都大大提高了维护的及时性,减小了维护工作量。

这些智能化的措施,使得维护人员面对的不再只是复杂的器件和电路,而是一条条用熟悉的人类语言表达的信息,仿佛面对着的是一个能与自己交流的新生命。

总之,这些技术的进步和使用维护上的方便,使得开关电源在通信电源中逐渐占据主导地位,成为现代通信电源的主流。

本章小结

1. 通信电源是通信系统的重要组成部分,它的作用是向各种通信设备供给可靠、稳定的交直流电,保证通信的畅通。通信电源机房由交流、直流、接地构成。

2. 通信设备的供电要求有交流、直流之分,因此通信电源也有交流不间断电源和直流不间断电源两大系统。两大系统的不间断,都是靠蓄电池的储能来保证的。

3. 从功能及转换层次来看,通信电源可分为三级,第一级电源的作用是提供能源;第二级电源的作用是保证供电不中断;第三级电源的作用是提供给通信设备内部各种不同要求的交、直流电压。

4. 对通信电源供电系统的要求是:可靠、稳定和高效率。

5. 通信电源系统目前有集中供电方式和分散供电方式两种。

6. 通信电源设备将朝着高效率、大功率、小型智能化和清洁环保的方向发展,供电方式逐步从集中供电走向分散供电;维护方式正在向可远程监控、无人值守方向发展。

7. 开关电源成为通信电源的主导,使开关电源形成主导地位的关键技术:均流技术、开关线路技术、功率因数校正技术、智能化。

复习思考题

1. 为何通信设备对电源的可靠性要求很高? 通信电源系统是通过什么方法来达到这一要求的?

2. 与传统通信相比,现代通信对电源系统有何新要求?

3. 集中供电和分散供电各有什么优缺点?

4. 试说明通信电源系统的构成。

5. 提高开关电源功率因数有哪些措施?

6. 开关电源智能化对电流维护工作有何帮助?

第二章
交流供电系统

电力系统由发电厂、电力线路、变电站和电力用户组成。通信局(站)属于电力系统中的电力用户。电从生产到引入通信局(站),通常要经过生产、输送、变换和分配等 4 个环节。通信机房应保证有可靠的电力供应,通信电源除外部供电外,相关维护单位还应配备固定式或移动式发电机组作为备用应急交流电源。通信机房电力引入分界点(配电屏、箱或机房内)应设有电能计量装置。

第一节 高压配电系统概述

一、高压配电系统

在电力系统中,各级电压的电力线路及相联系的变电站称为电力网,简称电网,通常用电压等级以及供电范围大小来划分电网种类。一般电压在 10 kV 到几百千伏且供电范围大的称为区域电网,如果把几个城市或地区的电网组成一个大电网,则称国家级电网。电压在 35 kV 以下且供电范围较小,单独由一个城市或地区建立的发电厂对附近的用户供电,而不与国家电网联系的称为地方电网。电压在 10 kV 以下,包含配电线路和配电变电站在内的电力系统称为配电网。电力系统的输配电方式如图 2—1 所示。

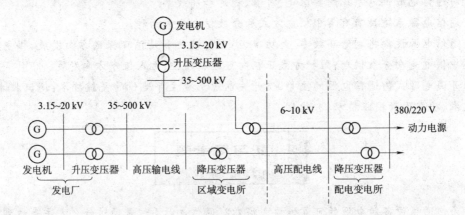

图 2—1 电力系统的输配电方式示意图

我国发电厂的发电机组输出额定电压为 3.15～20 kV。随着大型发电厂的建成投产及输电距离的增加,为了减少线路能耗和压降,节约有色金属和降低线路工程造价,必须经发电厂中的升压变电所升压至 35～500 kV,再由高压输电线传送到受电区域变电所,降压至 6～10 kV,经高压配电线送到用户配电变电所并降压至 380/220 V，供用电设备使用。

对于通信局（站）中的配电变压器，其一次线圈额定电压为高压配电网电压，即 6 kV 或 10 kV。二次线圈额定电压因其供电线路距离较短，其额定电压只需高于线路额定电压（380/220 V）的 5%，仅考虑补偿变压器内部电压降，一般选 400/230 V，而用电设备受电端电压为 380/220 V。

二、高压配电方式

高压配电方式，是指从区域变电所，将 35 kV 以上的输电高压降到 6～10 kV 的配电高压，并送至企业变电所及高压用电设备的接线方式。配电网的基本接线方式有三种：放射式、树干式及环状式。

1. 放射式配电方式

放射式配电方式，是指从区域变电所的 6～10 kV 母线上引出一路专线，直接接通信局（站）的配电变电所配电，沿线不接其他负荷，各配电变电所无联系。图 2-2(a) 为单回路放射式，图 2-2(b) 为双回路放射式。

放射式配电方式的优点是线路敷设简单，维护方便，供电可靠，不受其他用户干扰，适用于一级负荷。

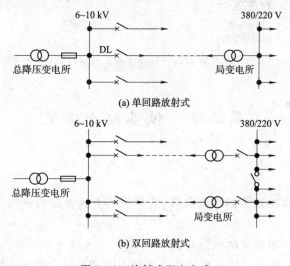

(a) 单回路放射式

(b) 双回路放射式

图 2-2　放射式配电方式

2. 树干式配电方式

树干式配电方式，是指由总降压变电所引出的各路高压干线沿市区街道敷设，各中小型企业变电所都从干线上直接引入分支线供电，如图 2-3 所示。

树干式配电方式的优点是，降压变电所 6～10 kV 的高压配电装置数量减少，投资相应可以减少。缺点是供电可靠性差，只要线路上任一段发生故障，线路上变电所都将断电。

3. 环状式配电方式

图 2-4 为环状式配电方式。环状式配电方式的优点是运行灵活，供电可靠性较高，当线路的任何地方出现故障时，只要将故障邻近的两侧隔离开关断开，切断故障点，便可恢复供电。为了避免环状线路上发生故障时影响整个电网，通常将环状线路中某个隔离开关断开，使环状线路呈"开环"状态。

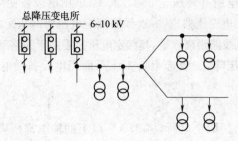

图 2—3 树干式配电方式

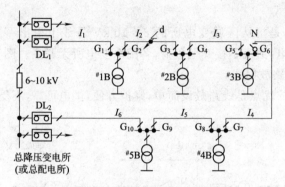

图 2—4 环状式配电方式

第二节 低压配电系统

一、低压配电系统

1. 市电分类

根据通信局(站)所在地区的供电条件、线路引入方式及运行状态,将市电供电分为下述三类:

(1)一类市电供电(市电供电充分可靠)

一类市电供电是从两个稳定可靠的独立电网引入两路供电线路,质量较好的一路作主要电源,另一路作备用,并且采用自动倒换装置。两路供电线路不会因检修而同时停电,事故停电次数极少,停电时间极短,供电十分可靠。长途通信枢纽、大城市中心枢纽、程控交换容量在万门以上的交换局,以及大型无线收发信站等规定采用一类市电。

(2)二类市电供电(市电供电比较可靠)

二类市电供电是从两个电网构成的环状网中引入一路供电线路,也可以从一个供电十分可靠的电网上引入一路供电线。允许有计划地检修停电,事故停电不多,停电时间不长,供电比较可靠。长途通信地区局或县局、程控交换容量在万门以下的交换局,以及中型无线收发信站可采用二类市电。

(3)三类市电供电(市电供电不完全可靠)

三类市电供电是从一个电网引入一路供电线路,供电可靠性差,位于偏僻山区或地理环境恶劣的干线增音站、微波站可采用三类市电。

2. 通信系统低压交流供电原则

根据各地市电供应条件的不同,各通信企业容量大小的不同,以及地理位置的差异等因素,可采用各种不同的交流供电方案,但都必须遵循以下基本原则:

(1)市电是通信用电源的主要能源,是保证通信安全、不间断的重要条件,必要时可申请备用市电电源。

(2)市电引入,原则上应采用 6~10 kV 高压引入,自备专用变压器,避免受其他电能用户的干扰。

(3)市电和自备发电机组成的交流供电系统宜采用集中供电方式供电,系统接线应力求简单、灵活、操作安全、维护方便。

(4)通信局(站)变压器容量在 630 kV·A 及以上的应设高压配电装置。有两路高压市电引入的供电系统,若采用自动投切的,变压器容量在 630 kV·A 及以上则投切装置应设在高压侧。

(5)在交流供电系统中应装设功率因数补偿装置,功率因数应补偿到 0.9 以上;对容量较大的自备发电机电源应补偿到 0.8 以上。

(6)低压交流供电系统采用三相五线制或单相三线制供电。

二、低压配电设备

较大容量的通信局(站)设置低压配电房用来接收与分配低压市电和备用油机发电机电源。低压配电房中安装的电气设备包括低压配电屏、油机发电机组控制屏和市电油机电转换屏等设备。

1. 低压配电屏

通信局(站)中低压配电屏主要用来进行受电、计量、控制、功率因数补偿、动力馈电和照明馈电等。主要产品有 PGL1、PGL2、GCS、GCK、GCL 及 GGD 等系列开关柜,以及国外引进产品和合资企业生产的低压开关柜。

低压配电屏内按一定的线路方案将一次和二次电路电气设备组装成套。每一个主电路方案对应一个或多个辅助电路方案,从而简化了工程设计。

2. 油机发电机组控制屏及 ATS

发电机组控制屏是随油机发电机组的购入由油机发电机组厂商配套提供的。而 ATS(即双电源自动切换装置,通常与低压开关柜安装在一起)目前普遍采用芯片程序控制,可实现两路市电或一路市电与发电机电源的自动切换,且切换延时可调,同时有多种工作模式可供选择(如自动模式、正常供电模式、应急供电模式和关断模式等)。

3. 常见的低压电器

在低压配电设备中常用的低压电器有以下四种:

(1)低压断路器

低压断路器也称低压自动开关,主要作为不频繁地接通或分断电路之用。低压断路器具有过载、短路和失压保护装置,在电路发生过载、短路、电压降低或消失时,断路器可自动切断电路,从而保护电力线路及电源设备。

低压断路器按灭弧介质可分为空气断路器和真空断路器两种,按用途分可分为配电用断路器、电动机保护用断路器、照明用断路器和漏电保护用断路器等。配电用断路器又可分为非选择型和选择型两种。非选择型断路器因为是瞬时动作,所以常用作短路保护和过载保护;选择型断路器可用作两段保护、三段保护和智能化保护。两段保护为瞬时与短延时或长延时两段;三段保护为瞬时、短延时和长延时三段。其中瞬时、短延时特性适用于短路保护,长延时特性适用于过载保护。智能化保护是近些年研制成功的高科技保护手段,用微型计算机来控制各脱扣器并进行监视和控制,保护功能多,选择性能好,所以这种断路器叫做智能型断路器。

另外,作为配电用断路器,按其结构形式又可分为塑料外壳式断路器和万能式断路器两大类,这两类低压断路器目前使用较为普遍。典型产品有塑料外壳式(DZ10 型)和框架式(DW10 型)两类,它们均由触头系统、灭弧装置、传动机构、自由脱扣机构及各种脱扣器等组成。目前塑料外壳式的改进产品有 AM1 型及 H 型等,框架式改进产品有 DW15、DWX15、DW40、3WE、ME 及 AH 等。

（2）低压刀开关

刀开关是低压电器中结构最简单的一种,广泛应用于各种配电设备和供电线路中,用来接通和分断容量不太大的低压供电线路,以及作为低压电源隔离开关使用。

低压刀开关根据其工作原理、使用条件和结构形式的不同,可分为开启式负荷开关(HK1、HK2、TSW 系列等)、封闭式负荷开关(HH3、HH4 系列等)、隔离刀开关(HS13、HD11 系列等)、熔断器式刀开关(HR3 系列)和组合开关(HZ10 系列)。

（3）熔断器

熔断器是一种最简单的保护电器,在低压配电电路中,主要用于短路保护。它串联在电路中,当通过的电流大于规定值时,以它本身产生的热量,使熔体熔化而自动分断电路。熔断器与其他电器配合,可以在一定的短路电流范围内进行有选择的保护。

低压熔断器种类很多,根据其构造和用途可分为开启式、半封闭式和封闭式。封闭式熔断器又可分为有填料和无填料熔断器,有填料熔断器中有螺旋式和管式,无填料熔断器中有插入式和管式。目前的典型产品有 RT0/RT10/RT11 系列有填料封闭管式熔断器,RM10 系列封闭管式熔断器,RL1/RL2 系列螺旋式熔断器,PZ1-100、QSA、NT 系列熔断器,以及引进的 aM、gM 系列熔断器。

①熔断器的结构和主要参数

熔断器主要由熔体和安装熔体的熔管或熔座两部分构成。熔体是熔断器的主要部分,常做成丝状或片状。熔体的材料有两种,一种是低熔点材料,如铅、锌、锡以及锡铅合金等;另一种是高熔点材料,如银和铜。

熔管是熔体的保护外壳,在熔体熔断时兼有灭弧的作用。每一种熔体都有两个参数,即额定电流与熔断电流。额定电流是指长时期通过熔断器而不熔断的电流值;熔断电流通常是额定电流的两倍。一般规定通过熔体的电流为额定电流的 1.3 倍时,应在 1 h 以上熔断;为额定电流的 1.6 倍时,应在 1 h 内熔断;达到熔断电流时,在 30～40 s 后熔断;当达到 9～10 倍额定电流时,熔体应瞬间熔断。熔断器具有反时限的保护特性。熔断器对过载反应是很不灵敏的,当发生轻度过载时,熔断时间很长,因此,熔断器不能作为过载保护元件。

熔管有 3 个参数:额定工作电压、额定电流和断流能力。额定工作电压是从灭弧角度提出的,当熔管的工作电压大于额定电压时,在熔体熔断时,可能出现电弧不能熄灭的危险。熔管的额定电流是由熔管长期工作所允许温升决定的电流值,所以熔管中可装入不同等级额定电流的熔体,但所装入熔体的额定电流不能大于熔管的额定电流值。断流能力是表示熔管在额定电压下断开电路故障时所能切断的最大电流值。

②熔断器的选用原则

选用熔断器,一般应符合下列原则:

a. 根据用电网络电压选用相应电压等级的熔断器。

b. 根据配电系统可能出现的最大故障电流,选用具有相应分断能力的熔断器。

c. 在电动机回路中用作短路保护时,为避免熔体在电动机启动过程中熔断,对于单台电动机,熔体额定电流大于或等于(1.5～2.5)×电机额定电流;对于多台电动机,总熔体额定电流大于或等于(1.5～2.5)×容量最大一台电动机的额定电流＋其余电动机的计算负荷电流。

d. 对电炉及照明等负载的短路保护,熔体的额定电流等于或稍大于负载的额定电流。

e. 采用熔断器保护线路时,熔断器应装在各相线上。在二相三线或三相四线回路的中性线上严禁装熔断器,这是因为中性线断开可能会引起各相电压不平衡,从而造成设备烧毁事故。在公共电网供电的单相线路的中性线上应装熔断器,电业的总熔断器除外。

各级熔体应相互配合,下一级应比上一级小。

(4)接触器

接触器适用于远距离频繁接通和分断交、直流主电路及大容量控制电路。接触器可分为交流接触器和直流接触器两种。接触器主要由主触头、灭弧系统、电磁系统、辅助触头和支架等组成。交流接触器主要有 CJ0、CJ10、CJ12 及 CJ12B 系列以及众多的合资品牌;直流接触器主要有 CZ0 系列。

三、电容补偿

在三相交流电所接负载中,除白炽灯、电阻电热器等少数设备的负荷功率因数接近于1外,绝大多数的三相负载如异步电动机、变压器、整流器和空调等的功率因数均小于1,特别是在轻载情况下,功率因数更为降低。用电设备功率因数降低之后,带来的影响有:

(1)使供电系统内的电源设备容量不能充分利用。

(2)增加了电力网中输电线路上的有功功率的损耗。

(3)功率因数过低,还将使线路压降增大,造成负荷端电压下降。

在线性电路中,电压与电流均为正弦波,只存在电压与电流的相位差,所以功率因数是电流与电压相角差的余弦,称为相移功率因数,即

$$PF = \frac{P}{S} = \frac{UI\cos\varphi}{UI} = \cos\varphi$$

在非线性电路中(如开关型整流器),交流电压为正弦波形,电流波形却为畸变的非正弦波形,同时与正弦波的电压存在相位差。此时全功率因数:

$$PF = \frac{P}{S} = \frac{U_L I_1 \cos\varphi}{U_L I_R} = \frac{I_1 \cos\varphi}{I_R} = \gamma\cos\varphi$$

式中　P——有功功率;

　　　S——视在功率;

　U_L——电网电压;

　I_1——基波电流有效值;

　$\cos\varphi$——位移因素;

　I_R——电网电流有效值;

　γ——称为失真功率因数,也称电流畸变因子,它是电流基波有效值与总有效电流值之比。

从公式中可以看出,电路的全功率因数为相移功率因数 $\cos\varphi$ 与失真功率因数两项的乘积。

提高功率因数的方法很多,主要有:

（1）提高自然功率因数，即提高变压器和电动机的负载率到 $75\% \sim 80\%$，以及选择本身功率因数较高的设备。

（2）对于感性线性负载电路，采用移相电容器来补偿无功功率，便可提高 $\cos\varphi$。

（3）对于非线性负载电路（在通信企业中主要为整流器），则通过功率因数校正电路将畸变电流波形校正为正弦波，同时迫使它跟踪输入正弦电压相位的变化，使高频开关整流器输入电路呈现电阻性，提高总功率因数。

根据在 R－L－C 电路中，电感 L 和电容 C 上的电流在任何时间都是反相的，相互间进行着周期性的能量交换的特性，采用在线性负载电路上并联电容来作无功补偿，使感性负载所需的无功电流由容性负载储存的电能来补偿，从而减少了无功电流在电网上的传输衰耗，达到提高功率因数的目的。《全国供用电规则》规定：无功电力应就地平衡，用户应在提高用电自然功率因数的基础上，设计和装置无功补偿设备，并做到随其负荷和电压变动及时投入或切除，防止无功电力倒送。供电部门还要求通信企业的功率因数达到 0.9 以上。移相电容器的补偿容量为

$$Q_C = Q_1 - Q_2 = P_{js} \tan(\varphi_1 - \tan\varphi_2) \qquad (\text{kVar})$$

即

$$Q_C = P_{js} \left[\sqrt{\frac{1}{\cos^2\varphi_1} - 1} - \sqrt{\frac{1}{\cos^2\varphi_2} - 1} \right] \qquad (\text{kVar})$$

式中　P_{js}——总的有功功率计算负荷，kW；

　　　Q_1——补偿前的无功功率，kVar；

　　　Q_2——补偿后的无功功率，kVar；

　　　Q_C——需补偿的无功功率，kVar；

　　$\cos\varphi_1$——补偿前的功率因数；

　　$\cos\varphi_2$——补偿后的功率因数。

在计算电容器容量时，由于运行电压的不同，电容器实际能补偿的容量 Q_H 应为

$$Q'_H = Q_H \left(\frac{V'_H}{V_H}\right)^2$$

式中　Q_H——电容器的标准补偿电容器；

　　　V'_H——实际运行电压；

　　　V_H——电容器的额定工作电压。

因此，需要补偿电容器的数量 n 应为

$$n = \frac{Q_C}{Q'_H}$$

移相电容器通常采用三角形接线，目的是为了防止一相电容断开造成该相功率因数得不到补偿，同时，根据电容补偿容量和加载其上的电压的平方成正比的关系，同样的电容△形接线能补偿的无用功更多。大多数低压移相电容器本身就是三相的，内部已接成三角形。移相电容器在通信局（站）变电所供电系统可装设在高压开关柜或低压配电屏或用电设备端，分别称为高压集中补偿，低压成组补偿或低压分散补偿。目前在通信企业中绝大多数采用了低压成组补偿方式，即在低压配电屏中专门设置配套的功率因数补偿柜。

例如与 PGL12 型低压配电屏配套的 PGJ1 或 PGJ1A 型无功功率自动补偿控制屏，电容器装于柜中两层支架上，还装有自动投切控制器，它能根据功率因数的变化，以 $10 \sim 120\,\text{s}$ 的间

隔时间自动完成投入或切除电容器,使 $\cos\varphi_1$ 保证处于设定范围内。投切循环步数 PGJ1 为 $6\sim8$ 步,而 PGL1A 为 $8\sim10$ 步。PGL1/PGL1A 型无功功率补偿屏的一次线路如图 $2-5$ 所示。

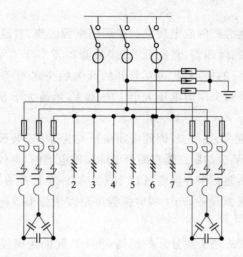

图 $2-5$　PGL1/PGL1A 型无功功率补偿屏一次线路

四、两路市电进线的低压配电图

两路市电引入,并实现低压母联,具有一侧油机接入的典型低压配电一次线路如图 $2-6$ 所示。

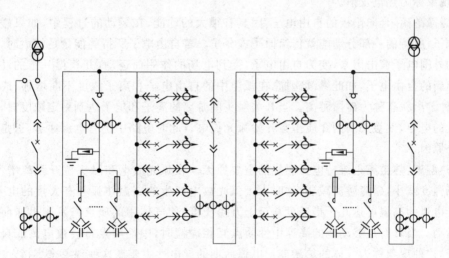

图 $2-6$　两路进线的低压配电一次线路

第三节　电弧基本知识

在断开电路时,电路中的开关触头在分开瞬间产生电弧,电路中的电流借此电弧维持导通。这样会使触头不能断开电路,因而烧毁设备,危及人身安全。尤其是在电路发生短路故障时,如不快速切断短路电流,就会造成通信电源停电,影响整个通信设备的正常工作。为了安全可靠地使用各种高、低压开关电器,本节从理论上讨论电弧形成的原因及快速灭弧的方法。

一、电弧产生的原因

1. 电弧的现象

电弧实际上是一种气体游离的放电现象。在通信电源的交、直流供电系统中,有各种开关型电器,如断路器、隔离开关、熔断器、自动开关、接触器和刀型开关等。这些开关型电器在断开时,由于电路中电压和电流的作用,在相互分开的开关触头之间产生一种强烈的亮光,这个亮光称为电弧。经测定如果触头间的电压大于 $10\sim20\,V$,电流大于 $80\sim100\,mA$ 时,在触头间就会产生电弧。

由于电弧能量集中、温度高、亮度强,因此必须在开关电器中安装灭弧装置,防止烧毁开关触头。如高压开关柜中的 $10\,kV$ 少油断路器在断开 $20\,kA$ 的电流时,电弧功率可高达 $10^4\,kW$。这样高的能量几乎全部变为热能。中心温度可达 $10\,000\,℃$。在低压直流电路中,放电开关断开 $30\,A$ 的 $48\,V$ 电源,若不加灭弧设备,产生的电弧温度足以使触头熔化。

2. 形成电弧的因素

(1)强电场发射:在开关的触头刚分开的瞬间,触头之间的距离很近,所以分开的缝隙间电场强度很大。在此强电场的作用下,电子从阴极表面被拉出,以高速度奔向阳极,这种现象称强电场发射。电场强度愈大,这种金属表面发射电子量也增加愈多,但随着触头逐渐分开,触头间的距离增大,电场强度随之减小,发射电子量也迅速减少。

(2)热电发射:当触头分开的瞬间,接触电阻增大,从而使电极上出现强烈的炽热点。再加上正离子迅速移向阴极释放能量,使阴极表面温度升高,便于发射电子,使弧隙中电子数目增加,这种现象称为热电发射。

(3)碰撞游离:奔向阳极的自由电子,因具有很大的动能,在运动的过程中,如果碰到中性分子或原子,所持的一部分动能就传给原子或分子。若自由电子所持的能量足够大时,可将中性原子的外围电子撞击出来,变为自由电子,受到电场的作用而运动,并获得一定的动能。再次碰撞出新的自由电子,如此继续碰撞,在弧隙中的自由电子和离子浓度不断增加,成为游离状态,这种游离状态称为碰撞游离。当开关触头间游离的离子和电子达到一定浓度时,触头间有足够大的电导,使触头间的介质击穿开始弧光放电。此时电路中仍有电流通过,这是电弧产生的主要原因。

(4)热游离:热游离是维持电弧燃烧的主要原因。在弧光放电和触头拉开距离增大后,弧柱的电场强度减小,碰撞游离减弱,这时由于弧光放电产生的高温使弧心有大量的电子移动。同时由于电弧的高温可达几千摄氏度甚至上万摄氏度,使气体中的质点将发生迅速而又不规则的热运动。当具有足够动能的高速中性质点互相碰撞时,中性质点将会被电离成自由电子和正离子,这种现象称为气体的热游离。电弧后期的导电性主要靠这种现象来维持。

上述电弧形成的 4 个因素,实际上是一个连续的过程。当触头刚分开时,强电场发射和热电发射所产生的自由电子,在电场作用下移向阳极,以后电子在运动过程中,产生碰撞使弧道中气体游离,进而产生电弧。由于游离现象的存在和电弧的产生,又使热游离继续进行,从而使电弧持续不断地燃烧。这 4 个因素贯穿整个电弧形成过程。

3. 电弧的伏安特性

图 2—7 为电弧的伏安特性曲线,它表示电弧的电流和电压的关系。由图可见,随着电弧电流的增大,电弧电压(维持电弧电压)降低。这是因为电弧电流的增大,使热游离加剧,而电

弧电阻的变化与电流的平方成反比,即

$$R_{\text{hu}} \propto \frac{1}{i_{\text{hu}}^2}$$

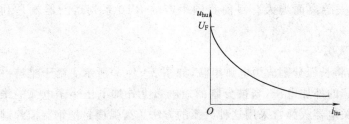

图 2−7　电弧的伏安特性曲线

所以电弧的两端电压下降。曲线与纵轴交点的电压值 U_F,称为发弧电压,即比 U_F 值小的电压就不能点燃电弧。发弧电压的大小与触头间距离、弧隙的温度与压力,以及触头的材料等因素有关,维持电弧的电压一般在 20～40 V。

二、熄灭电弧的方法

熄灭电弧的过程,就是去游离的过程。因此必须减弱或完全终止热游离,加强带电质点的复合和离子向周围介质的扩散。在现代开关电路中,根据上述电弧产生的因素和熄灭电弧的过程,广泛采取了下面几种灭弧方法:

1. 利用气体吹动灭弧

这种灭弧的原理,是利用气体纵向或横向吹动电弧,使电弧冷却,因此减弱了电弧的热游离,加强了带电质点的再结合及向周围的扩散作用。纵向吹弧如图 2−8(a)所示,横向吹弧如图 2−8(b)所示。

如果横向吹动电弧时,在电弧的侧面(正对着气流的方向)装有绝缘材料制成的隔板,如图 2−8(c)所示。隔板能阻碍电弧沿着气流方向的自由移动,使电弧与气流和固体介质接触紧密,迅速冷却,去游离现象增强。一般横向吹弧的效果要比纵向吹弧的效果好,有绝缘隔板的横向吹弧的效果更好。在高压开关柜中的少油断路器就采用气体吹弧的灭弧方法。

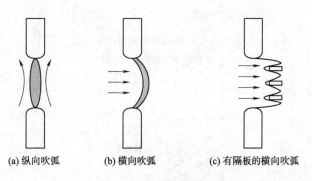

(a) 纵向吹弧　　　(b) 横向吹弧　　　(c) 有隔板的横向吹弧

图 2−8　利用气体吹动灭弧

2. 利用固体介质的狭缝或狭沟灭弧

电弧与固体介质紧密接触时,使电弧的去游离大大加强。原因是在固体介质表面的带电离子强烈复合,同时固体介质在电弧高温作用下,使狭缝或狭沟中的气体受热膨胀压力增大,并使固体介质对电弧冷却的结果。如 20 A 以上的各级接触器均采用半封闭式陶土纵缝灭弧罩。充有石英砂的熔断器,当其熔体烧断时,弧发生在熔体形成的狭沟中与石英砂紧密接触,电弧很快地去游离而熄灭。目前我国生产的 RT0 系列熔断器就是利用这种原理进行灭弧。

3. 将长电弧分成若干短电弧灭弧

利用由金属片制成的灭弧栅,将长弧分割成短电弧串联,如图 2—9(a)所示。由于维持一个电弧的稳定燃烧,需要 20～40 V 的外加电压,当被分割的短电弧上外加电压小于电弧的维持电压时,电弧熄灭,一般低压开关电器灭弧常采用这种灭弧的方法。灭弧栅是把钢制栅片制成中间有矩形缺口的栅片,如图 2—9(b)所示。当电弧与栅片接触时,电弧被自己的磁通移动所产生的力吸入钢片内。因为磁通总是走磁阻小的路径,即由栅片矩形缺口的 A 处趋向 B 位置,在该位置电弧被分割成一串短电弧。

4. 利用多断开点灭弧

这种方法是在开关电器的同一相内,可制成两个或更多个断开点。当开关断开时,则在一相内便形成几个串联的电弧,所有电弧的全长为一个断开点电弧长的几倍,相当于把长电弧分成几个短电弧串联。

5. 拉长电弧

拉长电弧,则电弧的伏安特性向上移,发弧电压 U_F 增高,要维持电弧燃烧所需的电压增大。图 2—10 为两个不同弧长电弧所需的发弧电压及其伏安特性。从图看出 L_1,L_2 表示弧长,其 $L_1 > L_2$,则 $U_{F1} > U_{F2}$。如果在 U_{F2} 的条件下,把电弧拉到 L_1 长度,则小于维持电弧燃烧的电压而灭弧。

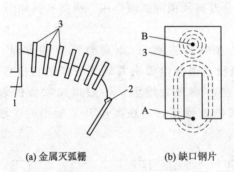

(a) 金属灭弧栅　　　　　(b) 缺口钢片

图 2—9　将长电弧分成几个短电弧

1—静触头;2—动触头;3—钢片。

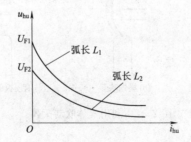

图 2—10　不同弧长电弧的伏安特性

6. 强冷灭弧

直流电弧稳定燃烧时,电弧功率几乎全部转为热功率,可以通过传导、辐射和对流(气吹)将热功率扩散到周围介质中,使去游离速度大于游离速度而灭弧。

第四节　交流配电技术

一、交流配电的作用

低压交流配电的作用是:集中有效地控制和监视低压交流电源对用电设备的供电。对应小容量的供电系统(比如分散供电系统),通常将交流配电、直流配电和整流以及监控等组成一个完整、独立的供电系统,集成安装在一个机柜内。

相对大容量的供电系统,一般单独设置交流配电屏,以满足各种负载供电的需要,位置通常在低压配电之后,传统集中供电方式的电力室输入端。

交流配电屏(模块)的主要性能通常有以下几项:

(1)要求输入两路交流电源,并可进行人工或自动倒换。如果能够实现自动倒换,必须有可靠的电气或机械联锁。

(2)具有监测交流输出电压和电流的仪表,并能通过仪表和转换开关测量出各相相电压、线电压、相电流和频率。

(3)具有欠压、缺相和过压告警功能。为便于集中监控,同时提供遥信、遥测等接口。

(4)提供各种容量的负载分路,各负载分路主熔断器熔断或负载开关保护后,能发出声光告警信号。

(5)当交流电源停电后,能提供直流电源作为事故照明。

(6)交流配电屏的输入端应提供可靠的雷击、浪涌保护装置。

二、交流配电单元组成

交流配电单元(屏)通常由以下几个部分组成:

(1)交流接入电路:交流接入一般通过空气开关或刀闸开关,交流接入开关的容量即为交流配电单元的容量,电源交流配电容量分为 50 A、100 A、200 A、400A、600 A 五个等级。

(2)整流器交流输入开关:交流配电单元分别为系统的每一个整流器提供一路交流输入,开关容量根据整流器容量确定。

(3)交流辅助输出:电源系统的交流配电除了给整流器提供交流电外,还配置了多种容量的交流输出接口,供机房内其他交流用电设备使用。

(4)交流自动切换机构:由机械电子双重互锁的接触器组成。

(5)交流采样电路:由变压器和整流器组成的电路板,将交流电压、电流和频率等转换成监控电路可以处理的电信号。

(6)交流切换控制电路:完成两路交流自动切换、过欠压保护、告警等功能。

(7)交流监控电路:集散式监控中专门处理交流配电各种信息的微处理器电路,可以完成信号检测、处理、告警、显示及与监控模块通信等功能。

(8)具有 C 级与 D 级防雷器。

三、交流配电原理分析

电源系统交流输入一般有两路,图2—11为具有两路自动切换功能的电源交流配电系统原理图。市电Ⅰ和市电Ⅱ分别由空开 ZK1、ZK2 接入,接触器 K1、K2 及其辅助接点构成机械与电气互锁功能。只要有市电且市电电压在规定的范围之内时,Ⅰ路市电优先,K1 吸合,K2 断开,送入Ⅰ路市电。通过空开 ZK301~ZK312 给整流模块供电,ZK4~ZK7 则是提供用户使用分路(用户可用作空调、照明等)。市电采样板分别检测市电Ⅰ和市电Ⅱ的电压信号,供监控模块及市电控制板使用。市电控制板通过采样板检测的电压信号来控制接触器 K1、K2 的驱动线圈,从而实现两路市电的自动切换。控制板上设有市电过欠压指示,市电正常时,指示灯熄灭,如果市电过欠压则相应的指示灯亮。在整流模块及交流辅助输出之前设置了由 C级、D级所构成的两级防雷系统。

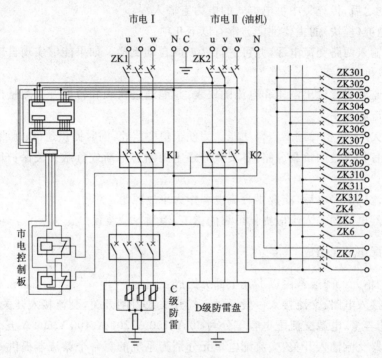

图2—11　交流配电单元原理图

第五节　低压配电维护保养

一、交流配电屏的维修质量标准

交流配电屏的维修质量标准应满足表2—1的规定。

表2—1　交流配电屏的维修质量标准

序　号	项　目	标　准	备　注
1	性能	能同时接入两路市电一路备用发电机或一路市电两路备用发电机。 具有市电与备用发电机电源之间的转换性能,且在转换过程中保证不发生并路(撞路)	

续上表

序　号	项　目	标　准	备　注
2	熔断器或断路器容量	按最大负载的 1.2~1.5 倍选取	
3	绝缘电阻	≥5 MΩ	用 500 V 兆欧表测量
4	告警	发生下列情况时,必须发出音响及灯光告警信号: (1)市电发生停电时。 (2)备用发电机停机时。 (3)保证《产品说明书》规定的告警正常使用	
5	配线	1.汇流排的距离:线间大于或等于 20 mm;线与机架间大于或等于 15 mm。 2.配线整齐牢固,焊(压)接及包扎良好。 3.铜、铝连接时必须采用铜铝过渡连接。 4.配线时,馈电线两端必须有明确的标志(标号)	
6	仪表	1.5 级	

1.当交流配电屏同时接入两路以上交流电源时,必须具有电气联锁装置,严禁并路使用。当任何一路发生停电或缺相时应发出告警信号。外部交流电源不能保证的地区,配电屏应预留油机接入端子。

2.交流配电屏在接入电源时,其相序应连接正确,备用发电机与外供电源相序应一致。

3.交流配电屏的外壳及避雷保护装置必须接保护地线,保护地线的截面积不应小于 4 mm,保护地线的接地电阻应符合规定。

二、交流配电屏及电源配线的维护测试项目及周期

交流配电屏及电源配线的维护测试项目及周期应满足表 2—2 的规定。

表 2—2　交流配电屏及电源配线的维护测试项目及周期

序　号	类　别	项目与内容	周　期	备　注
1	日常维护	1.停电及缺相告警试验。 2.转换开关及指示灯检查。 3.标签核对检查。 4.观察电表,记录读数	月	
2	集中检修	1.负荷电流测量。 2.两路交流电转换试验。 3.保护地线检查及接地电阻测量。 4.清扫检查(停电进行)。 5.仪表检查校对	年	
3	重点整修	1.更换熔断器、断路器。 2.电源配线整理及更换老化配线。 3.馈电线绝缘测试。 4.仪表修理。 5.其他重点整修项目	根据需要	

三、低压配电维护

1. 配电引入

(1)低压引入

交流供电引入线路的维护分界规定为:交流供电采用电缆引入时,以室内电缆终端盒分界,电缆终端盒以外由供电单位负责。设备维护单位与供电单位签有维护界面划分协议的按照协议执行。

低压交流电缆出入局站时,应采用具有金属铠装层的电力电缆,并将电缆线埋入地下,埋入地下的电力电缆应符合工程设计要求(低压电力电缆的埋地长度应大于 15 m,高压电力电缆已做埋地处理时,低压电缆埋地长度可不做限制),其金属护套两端应就近接地。

(2)高压引入应符合当地供电单位有关规定

周期性维护检测作业是对通信动力系统进行全面设备维护、安全运行检查和性能检测,并对检查出的隐患做出及时的整改,是保障通信电源系统正常运行的主要手段。以下给出常见的低压配电设备周期维护检测保养的工作项目。

2. 变压器的维护检测

(1)检查变压器的负载率是否过高。

(2)用红外测温仪测量变压器线圈温度,检查变压器的运行温度(上、中、下部)是否异常。

(3)用红外测温仪测量各电缆连接点温度,检查连接点温升是否异常。

(4)结合油机带载试验,在变压器停机并使用接地线短接放电后,用吸尘器清洁变压器内外部灰尘。

(5)结合油机带载试验,空载手动升降变压器有载调压系统挡位,观察调压装置动作是否正常,有无卡滞或松动。

3. 电力直流屏的维护检测

(1)检查电力直流屏内部接线的连接状况和熔丝状态。

(2)检查开关电源模块的工作状况,倒换主备用模块。

(3)检查蓄电池运行状态,测试蓄电池单体端电压,查看有无漏液和外壳变形开裂现象等。

4. 低压配电设备的维护检测

(1)用灰刷、干抹布和吸尘器清洁低压配电设备内部积灰。

(2)检查设备和模拟屏告警指示是否正常。

(3)用红外测温仪测量或 4 位半万用表检查接触器、空气开关接触是否良好,熔断器、补偿电容的温升是否超标。

(4)手动加减补偿电容组,检查电容补偿屏的工作是否正常,查看电容补偿柜每组电容的补偿电流。

(5)用红外测温仪测量屏内各输出线缆的接头温升是否异常,检查各线缆连接有无松动。

(6)用钳形电流表检查进线回路和各输出回路的零线电流是否异常。

(7)用电力质量分析仪(F43B)检查各进线回路的正弦畸变率是否合格。

(8)检查避雷器是否良好。

(9)测量接地电阻(干季)是否合格。

(10)校正仪表。

四、交流供电主要检查项目

1. 电网接地

接地规范:交流用电设备应采用三相五线制引入,零线不准安装熔断器,在零线上除电力变压器近端接地外,用电设备近端不许接地。交流用电设备采用三相四线制引入时,零线不准安装熔断器,在零线上除电力变压器近端接地外,用电设备和机房近端应重复接地。每年检测一次接地引线和接地电阻,其电阻值应不大于规定值。

2. 过压防护

防护要求:进、出变配电室的交流高压馈线超过避雷保护范围时,应分别装置高、低压避雷器(A 级与 B 级过压防护)。

3. 交流断路器配置

检测标准:交流熔断器的额定电流值:照明回路按实际负荷配置,其他回路不大于最大负荷电流的 2 倍。

检测方法:根据断路器状态检查,断路器无热变形、接点发黑、接点附近电缆老化、破裂等。

4. 相不平衡度

检测标准:相不平衡度低于 4%(部标)。

检测工具:万用表。

检测方法:测量各相电压,将电压差最大值与标称值(220/380 V)比较。

5. 电网波动范围

检测标准:交流 220^{+22}_{-33} V;交流 380^{+95}_{-57} V(部标)。

检测工具:万用表或查阅日常记录。

检测方法:测量点为受电端子,记录电网电压的最大值和最小值,一般要利用日常记录。

第六节 油机发电机

在通信系统中,直流负载、交流负载主要是靠市电供给电源的(直流负载依靠市电整流后提供)。一旦市电发生中断,交流负载同步断电,立即停止工作。蓄电池组提供直流负载工作的时间是有限的,随着蓄电池容量的逐渐下降,直流负载停止工作的情况也很快就会出现。所以,在市电停电时,发电和及时开启供电是非常重要的。图 2-12 为油机在通信电源系统中的地位。

油机是利用燃料燃烧后产生的热能来作功的。油机发电机组是由柴油(汽油)机和发电机两大部分组成。目前通信局(站)用油机发电机组一般采用柴油发电机组承担备用发电功能。柴油发动机是一种内燃机,它是柴油在发动机气缸内燃烧,产生高温高压气体,经过活塞连杆和和曲轴机构转化为机械动力。

一、油机发电机的工作原理

油机是将燃料的化学能转化为机械能的一种机器,柴油机主要由两大机构、四大系统组

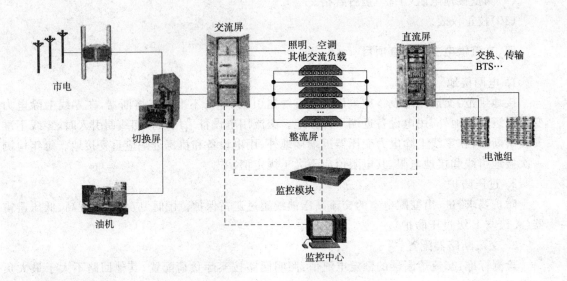

照明、空调
其他交流负载

交流屏

直流屏

交换、传输
BTS…

市电

切换屏

整流屏

电池组

油机

监控模块

监控中心

图 2—12　油机在通信电源系统中的地位

成,包括:曲轴连杆机构、配气机构、燃油系统、润滑系统、冷却系统及启动系统,它是通过气缸内连续进行进气、压缩、工作、排气四个过程来完成能量转换的。活塞的上下运动借连杆同曲轴相连接,把活塞的直线运动变为曲轴的圆周运动。气缸顶部有两个气门,一个是进气门,另一个是排气门。

活塞在气缸中运动时有两个极端位置:上止点和下止点(又称上死点和下死点)。上止点和下止点间的距离称为活塞冲程(又称为活塞行程)当活塞由上止点移到下止点时,所经过的容积称为气缸工作容积,又称活塞排量,通常以 L 或 cm³ 计算。工作容积与燃烧室容积之和称为气缸总容积。

气缸总容积与燃烧室容积的比值称为压缩比。压缩比表示活塞自下止点移到上止点时,气体在气缸内被压缩了多少倍。压缩比愈大,说明气体被压缩得愈厉害,压缩过程终了的温度和压力就越高,燃烧后产生的压力也愈高,油机的效率也越高。

四冲程柴油机的工作循环是在曲轴旋转两周(720°),即活塞往复运动四个冲程中,完成了进气、压缩、工作、排气这四个过程。

1. 进气冲程

活塞由上止点至下止点,这时进气门打开,排气门关闭,由于活塞向下运动,气缸内的压力低于外部大气压力,气缸外面的空气就经过进气门被吸入气缸内,如图 2—13(a)所示。活塞到达下止点时,活塞上方充满了空气。

因为空气经过滤清器(空滤)、进气管、进气门等要遇到阻力,所以进到气缸内的压强在进气门终了时,只有 7.5～9 kPa,温度为 30～50 ℃。

2. 压缩冲程

活塞由下止点移到上止点,进气门和排气门均关闭,气缸里吸进的空气就被压缩,如图 2—13(b)所示。柴油机压缩比可达 12～20,压缩冲程完毕,缸内空气压强可达 300～500 kPa,温度可达 600～700 ℃。

3. 工作冲程

压缩冲程完毕,活塞快到上止点时,进、排气门仍然关闭着,气缸顶部的喷油嘴开始向气缸内喷射柴油,并被高温高压空气引燃点火。气缸内的气体压力和温度迅速上升,这种高温高压的燃烧气体在气缸内膨胀,推动活塞移向下止点,通过连杆转动曲轴,发出动力,如图2-13(c)所示。燃烧时,最高压强达600~1200 kPa,温度600~700℃。

4. 排气冲程

活塞由下止点至上止点,进气门仍然关闭,排气门这时已打开,把膨胀燃烧后的废气从气缸中经排气门排出,如图2-13(d)所示。经过四个冲程,完成了一个工作循环。当活塞再重复向下移动时,又开始第2个工作循环的进气冲程。如此周而复始,使柴油机不断地转动,产生动力。

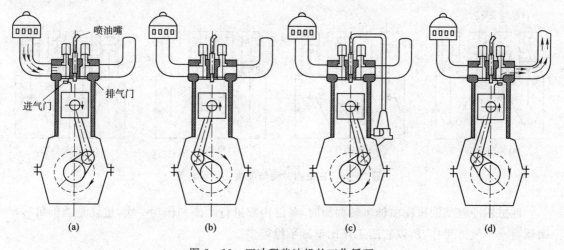

图2-13　四冲程柴油机的工作循环

同理,四冲程汽油机的工作循环过程如图2-14所示,也是通过进气、压缩、工作、排气四个冲程完成一个循环。只是由于所用燃料的性质不同,它的工作方式与柴油机有所不同,其不同点如下:

①汽油机进气过程中,被吸进的是汽油和空气的混合物,而不是纯净的空气。

②汽油机的压缩比低(一般为5~9),压缩终了时,可燃混合气的压强只有50~100 kPa,温度只有250~400℃。

③汽油机气缸内的可燃混合气,是用火花塞发生的电火花点燃的。

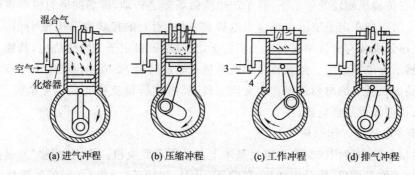

(a) 进气冲程　　(b) 压缩冲程　　(c) 工作冲程　　(d) 排气冲程

图2-14　四冲程汽油机的工作循环

上述单缸四冲程油机的工作循环中,曲轴旋转两周,活塞上下运行两次;只有第 3 个冲程是产生动力动作的,而其他三个冲程要由曲轴带动活塞运动,实际上是要消耗小部分功能的。因此,对单缸油机,为使曲轴在三个辅助冲程中能继续转动,需要在曲轴的功率端装上一个沉重的飞轮,利用飞轮的惯性带动活塞完成其余三个冲程。但曲轴转速仍不均匀,故功率较大的油机都采用多个气缸。

图 2—15 为四缸四冲程柴油机工作示意图,四个单缸柴油机用一根共用的曲轴连在一起,其中第 1 缸和第 4 缸的曲柄处在同一方向,第 2 缸和第 3 缸的曲柄处在同一方向,两个方向间互相错开 180°,在每个气缸按顺序完成各自的工作循环过程中,同一行程都有固定的顺序,一般为 1—3—4—2,就是第 1 缸作功后,第 3 缸作功,然后为第 4 缸作功,最后为第 2 缸作功,以后各个过程顺序重复进行。

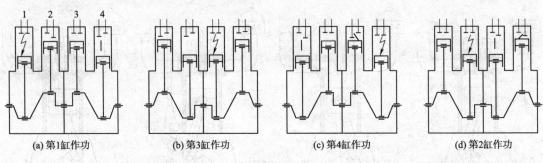

图 2—15　四缸四冲程柴油机工作示意图

四缸四冲程柴油机在曲轴每转两圈时,各缸内都进行燃烧和作功一次,也就是曲轴每转半圈就有一个气缸工作,所以它的工作比单缸平稳得多。

二、交流发电机工作原理与励磁系统

1. 交流发电机的组成

油机发电机按照供电电压等级分为高压、低压两种,目前我国通信局(站)的发电机组都选用低压交流发电机组。主要由定子、交流励磁机、转子、旋转整流器等组成。

转子安装在转轴上,由转子磁极和励磁绕组组成,主要为发电机工作提供励磁磁场。定子由机座、定子铁芯及定子绕组组成,机座是发电机的整体机架,转子通过支撑轴安装在机座上,使整个发电机构成一个整体。

发电机在柴油机旋转的带动下,转子产生的磁场随之转动,磁场的磁力线垂直切割定子电枢绕组,交变的磁场在定子绕组中感应出电势,通过机座上的接线盒将电能引出。同时,在定子和转子上还分别装有交流励磁机定子和转子,交流励磁机定子为励磁绕组,其铁芯中埋设有永久磁铁,转予为电枢绕组。柴油机带动发电机开始旋转时,交流励磁机定子励磁绕组产生旋转磁场,使励磁机转子的电枢绕组产生交流电流,经过旋转整流器变成直流电流,为发电机转子上的励磁绕组提供励磁电流。

2. 同步发电机的工作原理

目前通信企业中使用的交流发电机基本上都是同步发电机。所谓"同步"就是指发电机转子由柴油机(或称发动机)拖动旋转后,在定子(电枢)和转子(磁极)之间的气隙里产生一个旋转磁场,这个旋转的磁场是发电机主磁场又称转子磁场,当主磁场切割定子三相绕组的线圈时,就会产生三相感应电势,接通负载,负载电流流过电枢绕组后又在发电机的气隙里产一个旋转的磁场,此磁场称为电枢磁场。电枢磁场和主磁场以同一转速度旋转,二者之间保持同步,称为同步发电机且满足:

$$f = \frac{p \times n}{60}$$

式中　p——发电机磁极对数;

　　　n——发电机转数。

3. 同步发电机的励磁系统

向同步发电机励磁绕组供给直流励磁电流的整个线路和整套装置,叫同步发电机励磁系统,这是同步发电机必不可少的重要组成部分。

其主要作用有以下几个方面:

(1)在正常运行条件下为同步发电机提供励磁电流,对发电机进行强行励磁以提高运行的稳定性。

(2)当外部线路发生短路故障、发电机端电压严重下降时,对发电机进行强行励磁以提高运行的稳定性。

(3)当发电突然重负荷时,实行强行减磁以限制发电机端电压过度增高。

获得直流励磁电流的方法称为同步发电机的励磁方式。同步发电机按其励磁方式有他励和自励两种类型。他励式同步发电机的励磁电流,由单独电源供电;自励式同步发电机的励磁电流是同步发电机本身的定子交流电,通过整流元件供给。

下面以某一自励式发电机说明励磁系统工作原理,如图2-16所示。

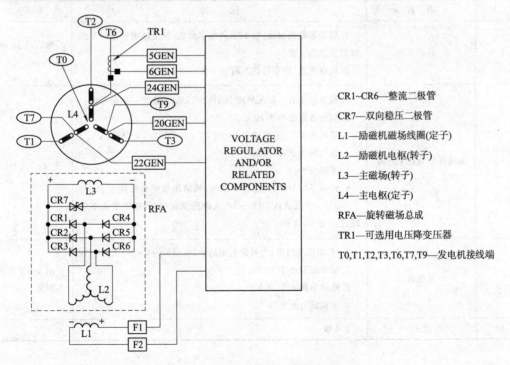

图2-16　自励式发电机励磁系统

自励式发电机,其主发电机转子铁芯在出厂时已充磁,具备剩磁,即主磁场L3具备剩磁。

当发动机带动发电机转子转动时,产生旋转的剩余主磁场。主电枢 L4 定子线圈被旋转磁场切割,就会产生三相感应电势,感应电势通过 20GEN/22GEN/24GEN 给自动电压调节器(自动稳压器－Automatic Voltage Regulator)AVR 以励磁电源。当机组达到额定值转速时,AVR 将根据主电枢的输出电压,通过 F1/F2 端子,调整励磁机的励磁电流。

当 20GEN/22GEN/24GEN 端子的电压过小时,F1/F2 端子给励磁机磁场线圈 L1 的电流加大,L1 产生的固定磁场变强,励磁机旋转电枢 L2 以额定转速切割固定磁场,两端的感应电势就升高,整流二极管 CR1～CR6 整流以后,给主磁场 L3 的电流加大,L3 产生的旋转磁场变强,主电枢 L4 以额定转速被旋转磁场切割,感应电势就升高。这是调升主电枢电压的过程,反之亦然。

第七节　　油机发电机组维护

一、油机发电机组的质量标准

1. 油机发电机组的供电质量标准

油机发电机组的供电质量标准:输出电压 220^{+11}_{-11} V,380^{+19}_{-19} V;频率:50 Hz±1 Hz;功率因数大于或等于 0.8。

2. 油机发电机组的质量标准

油机发电机组的质量标准应满足表 2－3 的规定。

表 2－3　油机发电机组的质量标准

序　号	项　目	标　准	备　注
1	启动系统	1. 启动蓄电池容量:以 10 h 放电率放电,放出额定容量的 50%后仍能启动 3 次。 2. 启动迅速(冷车启动不超过 5 次)	每启动 10 s间隔 1 min
2	油机在带负载工作时	1. 润滑油压力一般保持在 100～300 kPa 或按工厂规定标准。 2. 润滑油温度小于 80 ℃。 3. 循环水温度:进水口为 55～65 ℃;出水口为 75～85 ℃。 4. 排气颜色正常(淡灰色)。 5. 无撞击声。 6. 转速不均匀度:在稳定负载时,其输出频率应保持在 50 Hz±0.5 Hz,在负载从 50%～100%剧烈变化时,其频率变化不应超过:－2～+1 Hz	
3	发电机	1. 自动稳压精度:为额定电压的±5%(360～400 V)。 2. 轴承温升小于 40 ℃。 3. 绝缘电阻大于 20 MΩ。 4. 电机温升小于 40 ℃	用 500 V 兆欧表测量
4	仪表	1.5 级	

二、油机发电机组的测试项目及周期

油机发电机组的测试项目及周期应满足表 2－4 的规定。

表2—4 油机发电机组的测试项目及周期

序 号	类 别	项目与内容	周 期	备 注
1	日常维护	1.各部清扫及螺丝检查。 2.启动系统检查及电池补充充电。 3.润滑油液位及油质检查、补充。 4.燃油系统及油箱存油量检查、补充。 5.冷却水箱及存水量检查、补充。 6.空载运行检查(交流电频率、漏水、漏油、漏气、漏电)。 7.发电机系统的检查(包括配电屏、开关、熔丝、导线)	月	
2	集中检修	1.更换三滤。 2.检查调整风扇皮带松紧度。 3.清洗燃油箱、输油管。 4.更换润滑油	每累计运转100 h进行一次 每累计运转150~300 h进行一次	按产品说明书
3	重点整治	1.调速机构全部运动部分检查及注油。 2.检查气门、排气管,调整气门间隙,清除积炭、烟灰。 3.检查调整喷油泵、喷油器运转情况,更换喷油头。 4.检查连杆轴承配气机械、冷却水泵等。 5.检查发电机换向器、集流环及带负载运行时碳刷的火花。 6.其他专业性保养	按产品使用说明书规定	由专业维护单位进行

三、油机发电机组维护

1. 油机发电机组应保持清洁,保证无"四漏"(漏油、漏水、漏气、漏电)现象。机组各部件应完好无损,仪表齐全、指示准确,螺丝无松动。

2. 油机发电机组经常检查的项目如下:

(1)保持油机发电机组以及燃油及其容器的清洁,定期清洗或更换(燃油、机油、空气)滤清器。

(2)检查和保持油箱中的燃油充足。柴油机应添加静置12~24 h后的清洁柴油,加油时要经过过滤。应根据地区及其气候的变化,选用适当标号的燃油和机油。

(3)检查冷却水箱内的水量是否足够,不足时应添加清洁的软水。

(4)检查油底壳内的机油存量应达到静满刻度,加注的机油一定要根据季节气候、机器类型按规定选择,如发现机油变质、变脏、变色,须查明原因进行更换。

(5)启动电池应经常处于稳压浮充状态,电解液的密度应保持在$1.280~1.300 \text{ g/cm}^3$范围之内,线路及接线端子应紧固、接触良好。

(6)发电机和控制配电屏各部分接线是否正确可靠,熔丝规格是否与电机铭牌上的标定电流相适应。

(7)电机滑环和激磁机的换向器是否清洁和正常。

(8)电刷是否正常,与换向器或滑环的接触是否良好。

(9)保护接地是否完好。

3. 油机室内的温度应不低于5℃,若冬季室温过低(0℃以下),油机的水箱内应添加防冻剂,否则,在油机停用时必须放出冷却水。

4. 油机发电机组开机前的检查:

(1)机组周围是否放置工具、零件或其他物品,在开机前应进行清理,以免发生意外。

(2)机油、冷却水的液位是否符合规定要求。

(3)燃油箱中的燃油量是否充足。

(4)启动电池的电压是否正常。

(5)风冷机组的进、排风风道是否畅通。

(6)环境温度过低时应给机组加热。

5. 油机发电机组启动及运转应注意以下事项:

(1)启动机每启动一次不得超过10 s。

(2)当柴油机供油后,不得将减速器再倒向第一挡,否则会引起启动机飞车。

(3)注意各种仪表、指示灯指示是否正常。

(4)倾听机器在运行时内部有无异常的敲击声,观察机组运转时有无剧烈振动。

(5)观察排烟是否正常。

(6)当电压、频率(转速)达到规定要求并稳定运转后,方可供电。

(7)柴油机在较长时间连续运转中,应以90%额定功率为宜,最大功率运转时间不得超过1 h,并且必须在90%额定功率运转1 h后方可运行。额定功率运转时间不得超过12 h。柴油机不宜低速长时间运转,禁止油机慢车重载和超速运转。

(8)注意检查油箱内的油量,不要用尽。

(9)各人工加油润滑点应按规定时间加油。

6. 油机发电机组的维修应根据厂家说明,按规定运转时数进行技术保养,以尽量延长其使用寿命并充分发挥效能。

7. 机组应每月空载试机一次,每半年加载试机一次。当外供电源停电时,油机发电机组应能迅速启动。

8. 新装或实施专业技术保养后的机组应先试运行,当各项性能指标均合格后,方可投入运行。

本章小结

1. 市电从生产到引入通信局(站),通常要经历生产、输送、变换和分配等4个环节。

2. 为了在受电端得到380/220 V交流电,对于通信局(站)中的配电变压器,考虑补偿变压器内部电压降,其空载额定电压为400/230 V。

3. 配电网的基本接线方式有3种:放射式、树干式及环状式。

4. 所谓一次线路,表示的是变电所电能输送和分配的电路,通常也称主电路。根据通信局(站)市电引入的情况及对电源可靠性要求的不同,可以有不同的一次线路方案。

5. 根据所在地区的供电条件、线路引入方式及运行状态,可将市电分为一类市电、二类市电和三类市电。

6.根据各地市电供应条件的不同,各通信企业容量大小不同,以及地理位置的差异等因素,可采用各种不同的交流供电方案,但都必须遵循基本原则。

7.低压配电房中安装的电气设备包括低压配电屏、油机发电机组控制屏和市电油机电转换屏等。

8.低压配电设备中常用的低压电器有:低压断路器、低压刀开关、熔断器和接触器等。

9.电路的全功率因数为相移功率因数与失真功率因数两项的乘积。

10.对于感性线性负载电路,采用移相电容器来补偿无功功率,便可提高功率因数。

11.移相电容器在通信局(站)变电所供电系统可装设在高压开关柜或低压配电屏或用电设备端,分别称为高压集中补偿、低压成组补偿或低压分散补偿。目前,在通信企业中绝大多数采用了低压成组补偿方式,即在低压配电屏中专门设置配套的功率因数补偿柜。

12.内燃机是利用燃料燃烧后产生的热能来作功的。柴油机是一种内燃机,它使柴油机在发动机气缸内燃烧,产生高温高压气体,经过活塞连杆和曲轴机构转化为机械动力。

13.发电机是将机械能转换为电能的一种设备。

复习思考题

1.请简单描述市电输配电的过程。

2.为什么输电电压要比发电机输出电压升高很多?

3.为什么对于通信局(站)中的配电变压器,二次线圈额定电压为 400/230 V,而用电设备受电端电压为 380/220 V?

4.画一个一路市电引入时通常采用的一次线路图。

5.某局负荷为 100 kW,功率因数为 0.6,若要将功率因数提高到 0.9,需电容器的容量为多少?

6.说明熔断器的熔管参数断流能力的含义。

7.简述用电设备功率因数低下的危害及提高功率因数的方法有哪些?

8.高低压配电系统的保养有哪些内容?

9.简述发电机励磁系统的作用。

第三章

空 调 设 备

第一节　空调基础知识

空气调节简称"空调",是一种用控制技术使室内空气的温度、湿度、清洁度、气流速度和噪声达到所需要求的设备,以改善环境条件,满足工作生活的舒适和工艺设备的要求。空调的功能主要有制冷、制热、加湿、除湿和温湿度控制等。

一、温度和湿度

1. 温度

测量温度的标尺称为温标。常用的温标有两种,即华氏(°F)和摄氏(℃)。华氏与摄氏的换算关系为

$$t(℃)=5/9[t(°F)-32]$$
$$t(°F)=9/5t(℃)+32$$

除上述两种温标之外,在热工学上还采用绝对温度的表示法,以绝对零度为起点划分的温标称为绝对温标(K)。温标的冰融点和水沸点见表3-1。

表 3-1　温标的冰融点和水沸点

	融点	水沸点
华氏温度(°F)	32	212
摄氏温度(℃)	0	100
绝对温度(K)	273	373

$$t(K)=t(℃)+273$$

在温度计的温包上所扎湿纱布后的读数为湿球温度,而未包湿纱布处于干球状态时的读数称为干球温度。饱和空气时湿球温度等于干球温度;非饱和空气时湿球温度总是低于干球温度,两者之间的差值称为干湿球温差,其差值的大小反映空气湿度的大小,即差值愈大空气愈干燥,反之亦然。

物体表面是否会结露,取决于两个因素,即物体表面温度和空气露点温度。当物体表面温度低于空气露点温度时,物体表面才会结露。露点温度是指湿空气开始结露的温度。亦即在含湿量不变的条件下,所含水蒸气量达到饱和时的温度。例如,设空气温度为30℃,它的含湿量为10.6 g/kg (干空气),若将这部分空气降到15℃,此时该空气就达到饱和状态。若温度再继续下降,空气中的水蒸气就要凝结成水滴。那么15℃是空气开始结露的临界点,这个温度就叫露点温度。

空气露点温度与空气相对湿度有密切的关系,若相对湿度越大,它的露点温度就高,物体表面就容易结露。对于饱和空气,干球温度、湿球温度和露点温度三者是相等的;对于非饱和空气,干球温度最大,湿球温度次之,露点温度最小。

在空调系统中,习惯上将接近饱和状态、相对湿度达到 90%~95% 的空气的温度称为机器露点温度。

2. 湿度

空气中水蒸气的含量通常用含湿量、相对湿度和绝对湿度来表示。含湿量是湿空气中水蒸气质量(g)与干空气质量(kg)之比,单位 g/kg。它较确切地表达了空气中实际含有的水蒸气量。

相对湿度是指在一定温度下,空气中水蒸气的实际含量接近饱和的程度,也称饱和度。绝对湿度是每 m^3 的空气中水蒸气的实际含量,单位 kg/m^3。

二、热 量

热量是能量的一种形式,是表示物体吸热或放热多少的物理量。在国际单位制(SI)中,热量经常用焦耳(J)表示,$1J=0.2389\,cal$。单位量的物体温度升高或降低 1℃ 所吸收或放出的热量,通常用符号℃表示,单位是 J/kg·℃。在一定压力下,1kg 水升温 1℃ 所吸收的热量是 4186.8J,而空气则为 1004.8J。计算公式为

$$Q = G \times C(t_2 - t_1)$$

式中 Q——热量,J;

G——物体的质量,kg;

C——物体的比热,J/kg·℃;

t_1——初始温度,℃;

t_2——终止温度,℃。

三、蒸发、沸腾、冷凝和气化

物质分子可以聚集成固、液、气三种状态,简称物质的三相态。在一定条件下,物质可相互转化,称为物态变化。

从液态转变成气态的相变过程,是一个吸热过程。液态制冷剂在蒸发器中不断地定压气化,吸收热量,产生制冷效应。根据气化过程的机理不同,气化可分为蒸发和沸腾两种形式。在任何温度下,液体自然表面都会发生气化的过程。例如,水的自然蒸发、衣服的晾干过程。在相同的环境下,液体温度越高,表面越大,蒸发得就越快。

液体表面和内部同时进行的剧烈气化的现象叫做沸腾。当对液体加热,并使该液体达到一定温度时(例如:水烧开时),液体内部便产生大量气泡、气泡上升到液面破裂而放出大量蒸气,即沸腾,此时的温度就叫沸点。在沸腾过程中,液体吸收的热量全部用于自身的容积膨胀而相变,故气液两相温度不变,制冷剂在蒸发器内吸收了被冷却物体的热量后,由液态气化为蒸气,这个过程是沸腾。但在制冷技术中,习惯上称为蒸发温度。

物质从气态变成液态的过程叫做冷凝(或凝结),也称液化。例如,水蒸气遇到较冷的物质就会凝结成水滴,如在制冷系统中,压缩机排出高温、高压的气体,在冷凝器中通过空气或水冷凝成液体。冷凝时制冷气体放出来的热量由空气或水带走,这就是冷凝过程。冷凝是汽化的相反过程,在一定压力下,蒸气的冷凝温度与液体的沸点相等,蒸气冷凝时要放热,1kg 蒸气冷凝时放出的热量等于同一温度下液体的气化潜热。

物质从固态直接转变为气态的过程叫做升华,如用二氧化碳加压制成的干冰,在常温下,它很快就变成二氧化碳气体,这就是升华过程。

四、饱和压力和饱和温度

在密闭容器里,从液体中脱离出来的分子,不可能扩散到其他空间,只能聚集在液体上面的空间。这些分子它们相互间作用及与容器壁及液体表面碰撞,其中的一部分又回到液体中去。在液体开始气化时,离开液面的分子数大于回到液体里的分子数,这样,液体上部空间内蒸气的密度就逐渐增大,这时回到液体里的分子数也开始增多。最后达到在同一时间内,从液体里脱离出来的分子数与返回到液体里的分子数相等,这时液体就和它的蒸气处于动态平衡状态,蒸气的密度不再改变,达到了饱和。在这种饱和状态下的蒸气叫做饱和蒸气,此饱和蒸气的压力叫做饱和压力。饱和蒸气或饱和液体的温度称为饱和温度。

动态平衡是有条件的,是建立在一定温度或压力条件下,如条件有所改变,则平衡就被破坏,再经过一定的温度、压力条件下,又会出现新条件下的饱和状态。对不同的制冷剂,在相同饱和压力下,其饱和温度各不相同。通常所说的沸点,就是指饱和温度。

五、过热蒸气与过热度

在一定的压力下,温度高于饱和温度的蒸气,称为过热蒸气。制冷压缩机排气管处、压缩机的吸入口的蒸气温度,一般都高于饱和温度,故都属于过热蒸气,过热蒸气的温度超过饱和温度的数值称为过热度。

六、过冷液体与过冷度

在一定的压力下,温度低于饱和温度的液体,称为过冷液体,过冷液体的温度低于饱和温度的数值称为过冷度。

七、房间空调器的类型和特点

小型整体式(如窗式和移动式)和分体式空调器统称为房间空调器。国家标准规定,房间空调器的制冷量在 9 000 W 以下(现最高为 12 000 W),使用全封闭式压缩机和风冷式冷凝器,电源可以是单相,也可以是三相。它是局部式空调器的一类,广泛用于家庭、办公室等场所,因此,又把它称为家用空调器。

房间空调器形式多种多样,具体分类和型号含义如图 3-1 和图 3-2 所示。

整体式的房间空调器主要是指窗式空调器,也包括移动式空调器。

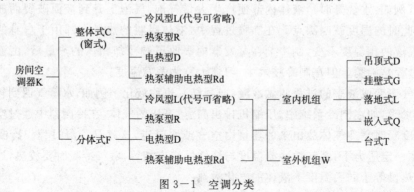

图 3-1　空调分类

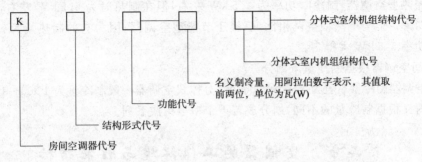

图 3-2 空调型号表示

如果考虑房间空调器的主要功能,空调器可分为:冷风型(单冷型),省略代号;热泵型,代号为 R;电热型,代号为 D;热泵辅助电热型,代号为 Rd,后 3 种统称为冷热型空调器。

空调器型号举例:

KC-31:单冷型窗式空调器,制冷量为 3 100 W。

KFR-35GW:热泵型分体壁挂式空调器,制冷量为 3 500 W。

KFD-70LW:电热型分体落地式空调器,制冷量为 7 000 W。

注:热泵型空调器的制热量略大于制冷量。

1. 冷风型空调器

这种空调只吹冷风,用于夏季室内降温,兼有除湿功能,为房间提供适宜的温度和湿度。

冷风型空调器又称单冷型空调器。它的结构简单,可靠性好,价格便宜,是空调器中的基本型,其使用环境为 18~43 ℃。窗式和分体式空调都有冷风结构。

2. 冷热型空调器

这种空调器在夏季可吹冷风,冬季可吹热风。制热有两种方式:热泵制热和电加热。两种制热方式兼用时称热泵辅助电热型空调器。

(1)热泵型空调器:热泵型空调器是在制冷系统中通过两个换热器即蒸发器和冷凝器的功能转换来实现冷热两用的。在冷风型空调器上装上电磁四通换向阀后,可以使制冷剂流向改变,原来在室内侧的蒸发器变为冷凝器,来自压缩机的高温高压气体在此冷凝放热,向室内供热;而室外侧的冷凝器变为蒸发器,制冷剂在此蒸发吸收外界热量。

由于环境温度的影响,无自动除霜装置的热泵型空调器只能用于 5 ℃以上的室外环境下,否则室外换热器因结霜堵塞空气通路,导致制热效果极差。有自动除霜的热泵型空调器,可以在 -5~43 ℃的环境温度下工作,在制热运行中会出现短暂的除霜工况而停止向室内供热。在低于 -5 ℃的室外环境下,热泵型空调器不再适用,而必须用电热型空调器制热。

(2)电热型空调器:在制热工况下,空调器靠电加热器对空气加热,加热的元件一般为电加热管、螺旋形电热丝和针状电热丝。后两种结构因安全性差,一般不推广使用。这种空调器可以在寒冷环境下使用,工作的环境温度小于或等于 43 ℃。

(3)热泵辅助电热型空调器:这是一种在制热工况下利用热泵和电加热共同制热的空调器,制热功率大,同时又比较节电,但结构比较复杂,价格稍贵。

这种空调器的室外机组中增加一个电加热器,在低温的室环境下,它对吸入的冷风先进行加热,这样室外机换热器不易结霜,提高了机器的制热效果。应注意的问题是冬季使用它的用电总功率,一般比夏天制冷时大一倍,可能会超过电表的容量。例如一台 3 匹(压缩机功率)热泵辅助电加热型空调器,制冷时功率为 2.5 kW 左右,但在制热时为 5.5 kW 左右,其中 3 kW 是电加热功率。但与电热型空调相比,仍属于节能型空调器,因为它的制热量为 8 kW 左右,比消耗电功率 5.5 kW 大得多。

3. 房间空调器根据制冷量来划分

窗式空调器制冷量一般为 1 800~5 000 W,分体式空调器一般制冷量为 1 800~12 000 W,在以上范围内又根据制冷量的不同,划分成若干个型号构成系列。

第二节 空调器的工作环境与性能指标

一、房间空调器的使用条件

1. 环境温度

房间空调器通常工作的环境温度,见表 3—2。

表 3—2 空调器工作的环境温度

型 式	代 号	使用的环境温度(℃)
冷风型	L	+18~+43
热泵型	R	−5~+43
电热型	D	<+43
热泵辅助电热型	Rd	−5~+43

由表 3—2 可知,空调器最高工作温度限制在 43 ℃,热泵型空调器的最低工作环境温度为 −5 ℃。这是因为空调器的压缩机和电动机封闭在同一壳体内,电动机的绝缘等级决定了对压缩机最高温度的限制。如果环境温度过高,则压缩机工作时冷凝温度随之提高,压缩机排气温度过热,造成压缩机超负荷工作,使过载保护器切断电源而停机。另外,电动机的绝缘因承受不了过高温度而遭破坏,甚至电动机烧毁。对于热泵型空调器,如果环境温度过低,其蒸发器里的制冷剂得不到充分的蒸发,被吸入压缩机,产生液击事故,导致机件磨损和老化。对于电热型空调器,冬季工况下压缩机不工作,只有电热器在工作,因此对最低环境温度无严格限制。对于热泵型和热泵辅助电热型空调器,若不带除霜装置,则其使用的最低环境温度为 5 ℃,如果低于 5 ℃,则室外的蒸发器就要结霜,使气流受阻,空调器就不能正常工作;若带除霜装置,则使用的最低环境温度可以为 −5 ℃。

当外界气温高于 43 ℃时,大多数空调器就不能工作,压缩机上的热保护器自动将电源切断,使压缩机停止工作。

空调器的温度调节依靠温控器自动调节,温控器一般把房间温度控制在 16~28 ℃,并能在调定值 2 ℃的范围内自动工作。

2. 电源

国家标准规定:电源额定频率为 50 Hz,单相交流额定电压为 220 V 或三相交流电额定电压为 380 V。使用电源电压值允许差为 ±10%。

世界各地的电源各不相同,空调器制造厂商可提供多种电源供用户选用。

一些工作电源为 60 Hz 的空调器,可以运行于 50 Hz 相应电压的地区。在 60 Hz 下运行的二极电动机同步转速为 3 500 r/min,在 50 Hz 下运转降为 2 900 r/min。故随着电源频率下降,空调器的制冷量也同时减少,噪声也随之降低。

工作电源为 60 Hz 的空调器,可在 60 Hz,197～253 V 电压下运行,也可在 50 Hz,180～220 V 电压下运行。

工作电源为 50 Hz 的空调器,不能用于电源为 60 Hz 的地区,否则电动机要烧坏。

二、空调器的性能指标

空调器的主要性能参数有以下 10 项:

(1)名义制冷量——在名义工况下的制冷量,W。

(2)名义制热量——冷热型空调在名义工况下的制热量,W。

(3)室内送风量——室内循环风量,m³/h。

(4)输入功率——由供电部门提供的能量,W。

(5)额定电流——名义工况下的总电流,A。

(6)风机功率——电动机配用功率,W。

(7)噪声——在名义工况下机组噪声,dB。

(8)制冷剂种类及充注量——例如 R22,kg。

(9)使用电源——单相 220 V,50 Hz 或三相 380 V,50 Hz。

(10)外形尺寸——长×宽×高,mm。

注:制冷量——单位时间所吸收的热量。

空调器铭牌上的制冷量叫名义制冷量,单位为 W(瓦)。

国家标准规定名义制冷量的测试条件为:室内干球温度为 27 ℃,湿球温度为 19.5 ℃;室外干球温度为 35 ℃,湿球温度为 24 ℃。标准还规定,允许空调的实际制冷量可比名义值低 8%。

三、空调器的性能系数

性能系数又叫能效比或制冷系数,用 EER 表示,EER 是"Energy and EffIcIency Rate"的缩写,即能量与制冷效率的比率。有些书刊和资料上,把制冷量与总耗能量的比率,称作制冷系数,其含义是指空调器在规定工况下制冷量与总的输入功率之比,单位为 W/W,即性能系数 EER＝实测制冷量/实际消耗总功率。

性能系数的物理意义就是每消耗 1 W 电能产生的冷量数,所以制冷系数高的空调器,产生同等冷量就比较省电。如制冷量为 3 000 W 的空调器,当 EER＝2 时,其耗电功率为 1 500 W;当 EER＝3 时,其耗电功率为 1 000 W。所以能效比(制冷系数)是空调的一个重要性能指标,反映空调的经济性能。

一般工厂产品样本上没有性能系数这项数据,但可计算为

$$性能系数＝铭牌制冷量/铭牌输入功率　　　(W/W)$$

这样计算出来的性能系数比实际运行的性能系数要大,因为实际的制冷量比名义值要小 8%。实际上国内外实测的性能系数一般也只有铭牌值的 92% 左右。

四、空调器的噪音指标

空调器的噪音一般要求低于 60 dB,这样噪声的干扰较小。不同空调器的噪声指标见表 3—3。有时由于安装空调器的支承轴不牢固,整机振动大,发出较大噪音,这时必须对其进行调整。

表 3—3　空调器噪声指标

名义制冷量(W)	噪声(dB)			
	整体式		分体式	
	室内侧	室外侧	室内侧	室外侧
2 500 以下	≤54	≤60	≤42	≤60
2 500～3 500	≤57	≤64	≤45	≤62
3 500 以上	≤62	≤68	≤48	≤65

五、空调器的名义工况

空调器的性能指标是按名义工况条件下测量得到的。房间空调器名义工况按国标 GB 7725—87 规定,如表 3—4。

表 3—4　空调器名义工况参数

工况名称	室内空气状态		室外空气状态	
	干球温度(℃)	温球温度(℃)	干球温度(℃)	温球温度(℃)
名义制冷工况	27	19.5	35	24
名义热泵工况	21	—	7	6
名义电热制热工况	21	—	—	—

六、空调器的输入功率

国产空调器的输入功率一般以瓦(W)或千瓦(kW)为单位,标在铭牌上或说明书中。进口空调器往往以"匹"表示空调器的规格,它是指压缩机的输入功率(一匹马力＝735 W)。

第三节　空调器结构和工作原理

一、空调器的结构

空调器的结构,一般由以下 4 部分组成:

(1)制冷系统:是空调器制冷降温部分,由制冷压缩机、冷凝器、毛细管、蒸发器、电磁换向阀、过滤器和制冷剂等组成一个密封的制冷循环。

(2)风路系统:是空调器内促使房间空气加快热交换的部分,由离心风机、轴流风机等设备组成。

(3)电气系统:是空调器内促使压缩机、风机安全运行和温度控制的部分,由电动机、温控器、继电器、电容器和加热器等组成。

(4)箱体与面板:是空调器的框架、各组成部件的支承座和气流的导向部分,由箱体、面板和百叶栅等组成。

二、制冷系统的主要组成和工作原理

制冷系统是一个完整的密封循环系统,组成这个系统的主要部件包括压缩机、冷凝器、节流装置(膨胀阀或毛细管)和蒸发器,各个部件之间用管道连接起来,形成一个封闭的循环系

统,在系统中加入一定量的氟利昂制冷剂来实现制冷降温。

空调器制冷降温,是把一个完整的制冷系统装在空调器中,再配上风机和一些控制器来实现的。

制冷的基本原理按照制冷循环系统的组成部件及其作用,分别由四个过程来实现,如图3－3所示。

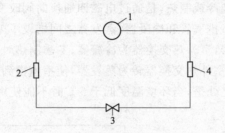

图 3－3　制冷系统循环图
1—压缩机;2—冷凝器;3—节流装置;4—蒸发器。

压缩过程:从压缩机开始,制冷剂气体在低温低压状态下进入压缩机,在压缩机中被压缩,提高气体的压力和温度后,排入冷凝器中。

冷凝过程:从压缩机中排出来的高温高压气体,进入冷凝器中,将热量传递给外界空气或冷却水后,凝结成液体制冷剂,流向节流装置。

节流过程:又称膨胀过程,冷凝器中流出来的制冷剂液体在高压下流向节流装置,进行节流减压。

蒸发过程:从节流装置流出来的低压制冷剂液体流向蒸发器中,吸收外界(空气或水)的热量而蒸发成为气体,从而使外界(空气或水)的温度降低,蒸发后的低温低压气体又被压缩机吸回,进行再压缩、冷凝、节流、蒸发,依次不断地循环和制冷。

1.冷风型(单冷型)空调器

单冷型空调器制冷系统如图3－4所示。蒸发器在室内侧吸收热量,冷凝器在室外侧将热量散发出去。

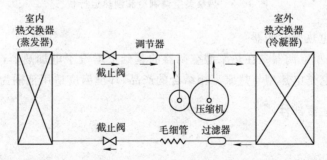

图 3－4　单冷型空调制冷系统

单冷型空调器结构简单,主要由压缩机、冷凝器、干燥过滤器、毛细管及蒸发器等组成,单冷型空调器环境温度适用范围为 18～43 ℃。

2.冷热两用型空调器

冷热两用型空调器又可以分为电热型、热泵型和热泵辅助电热型三种。

（1）电热型空调器

电热型空调器在室内蒸发器与离心风扇之间安装有电热器，夏季使用时，可将冷热转换开关拨向冷风位置，其工作状态与单冷型空调器相同；冬季使用时，可将冷热转换开关置于热风位置，此时，只有电风扇和电热器工作，压缩机不工作。

（2）热泵型空调器

热泵型空调器的室内制冷或制热，是通过电磁四通换向阀改变制冷剂的流向来实现的，如图3－5所示。在压缩机吸、排气管和冷凝器、蒸发器之间增设了电磁四通换向阀，夏季提供冷风时室内热交换器为蒸发器，室外热交换器为冷凝器；冬季制热时，通过电磁四通换向阀换向，室内热交换器为冷凝器，而室外热交换器转为蒸发器，使室内得到热风。

热泵型空调器的不足之处是，当环境温度低于5℃时不能使用。

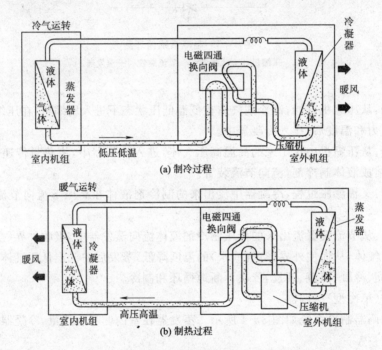

图3－5　热泵型空调制冷和制热运行状态

（3）热泵辅助电热型空调器

热泵辅助电热型空调器是在热泵型空调器的基础上增设了电加热器，从而扩展了空调器的工作环境温度，它是电热型与热泵型相结合的产品，环境温度适用范围为－5～＋43℃。

三、制冷系统主要部件

1. 制冷压缩机

（1）开启式压缩机

压缩机曲轴的功率输入端伸出曲轴箱外，通过联轴器或皮带轮和电动轮相连接，因此在曲轴伸出上必须装置轴封，以免制冷剂向外泄漏，这种形式压缩机为开启式压缩机。

（2）半封闭式压缩机

由于开启式压缩机轴封的密封面磨损后会造成泄漏，增加了操作维护的困难，人们在实践的基础上，将压缩机的机体和电动机的外壳连成一体，构成一个密封机壳，这种形式的压缩机称为半封闭式压缩机。这种机器的主要特点是不需要轴封,密封性好,对氟利昂压缩机很适宜。

（3）全封闭式压缩机

压缩机与电动机一起装在一个密闭的铁壳内,形成一个整体,从外表上看,只有压缩机的吸、排气管的管接头和电动机的导线,这种形式的压缩机,称为全封闭式压缩机。压缩机的铁壳分成上、下两部分,压缩机和电动机装入后,上下铁壳用电焊丝焊接成一体,平时不能拆卸,因此,要求机器使用可靠。

（4）旋转式压缩机

旋转式压缩机的结构如图 3-6 所示,图中,O 为气缸中心,在与气缸中心保持偏心 r 的 P 处,有以 P 为中心的转轴（曲轴）,在轴上装有转子。随着曲轴的旋转,制冷剂气体从吸气口被连续送往排气口。滑片靠弹簧与转子保持经常接触,把吸气侧与排气侧分开,使被压缩的气体不能返回吸气侧。在气缸内的气体与排气达到相同的压力之前,排气阀保持闭合状态,以防止排气倒流。

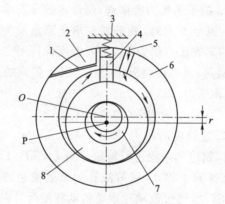

图 3-6　旋转式压缩机

1—排气阀;2—排气口;3—弹簧;4—滑片;5—吸气口;6—气缸;7—曲轴;8—转子。

旋转式压缩机同过去的往复式压缩机的不同点在于电动机的旋转运动不转换为往复运动,除了进行旋转压缩外,它没有吸气阀。由于连续进行压缩,故比往复式的压缩性能优越,且因往复质量小或没有往复质量,所以几乎能完全消除平衡方面的问题,振动小。根据上述道理,旋转式压缩机具有如下优点:

①由于没有像往复式压缩机那样的把旋转运动变为往复运动的机构,故零件个数小,加上由旋转轴位中心的圆形零件构成,因而体积小,重量轻。

②在结构上,可把余隙容积做得非常小,无再膨胀气体的干扰。由于没有吸气阀,流动阻力小,故容积效率、制冷系数高。

旋转式压缩机的缺点如下:

①由于各部分间隙非常均匀,如果间隙不是很小时,则压缩气体漏入低压侧,使性能降低,因此,在加工精度差,材质又不好而出现磨损时,可能引起性能的急剧降低。

②由于要靠运动部件间隙中的润滑油进行密封,为从排气中分离出油,机壳内（内装压缩机和电动机的密闭容器）须做成高压,因此,电动机、压缩机容易过热,如果不采取特殊的措施,在大型压缩机和低温用压缩机中是不能使用的。

③需要非常高的加工精度。

2.热力膨胀阀及其工作原理

热力膨胀阀,又称感温调节阀或自动膨胀阀,它是目前氟利昂制冷中使用最广泛的节流机构。它能根据流动蒸发器的制冷剂温度和压力信号自动调节进入蒸发器的氟利昂流量,因此这是以发信器、调节器和执行器三位组成一体的自动调节机构。热力膨胀阀根据结构的不同,可分为内平衡和外平衡两种形式。

热力膨胀阀的工作原理:通过感温包感受蒸发器出口端过热度的变化,导致感温系统内充注物质产生压力变化,并作用于传动膜片上,促使膜片形成上、下位移,再通过传动片将此力传递给传动杆从而推动阀针上下移动,使阀门关小或开大,起到降压节流作用,以及自动调节蒸发器的制冷剂供给量并保持蒸发器出口端具有一定的过热度,得以保证蒸发器传热面积的充分利用,减少液击冲缸现象的发生。

感温包从蒸发器出口端感受温度而产生压力,引压力通过毛细管传递作用于传动膜片上,使传动膜片向下位移的压力用 P 表示。传动膜片下部受到两个力的作用,一个是蒸发压力 P_0,另一个是弹簧压力 P_D。当三力平衡时,$P=(P_0+P_D)$,热力膨胀阀保持一定的开启度。

图 3-7 为一只使用 R22 的平衡热力膨胀阀,制冷剂的蒸发温度为 5 ℃($P_0=583.9$ kPa),当制冷剂在蒸发器中由 A 点流至 B 点时,液态制冷剂全部蒸发为气态,如果忽略蒸发器中阻力,制冷剂在 AB 两点之间的蒸发压力仍为 P_0,蒸发温度保持不变,均在 5 ℃,当制冷剂蒸气由 B 点流至 C 点时,由于继续吸热,其温度将升至 10 ℃,因此 C 点的过热度为 5 ℃。感温包内压为 P 等于 R22 在 10 ℃时饱和压力,即

$$P=680.3 \text{ kPa}。$$

弹簧等效压缩 P_D 为 5 ℃过热度的压力,即 $P_D=96.4$ kPa。显然,此时膨胀阀膜片上、下部压力相等且保持一定开度,制冷和系统运行稳定。当 $P<(P_0+P_D)$ 时,传动膜片向上移动,通过传动片带动传动杆使阀针向上移动,将节流孔的有效流通面积减小,阀门关小。当 $P>(P_0+P_D)$ 时,传动膜片向下移动,通过传动片推动传动杆使阀针向下移动,将节流孔的有效流通面积增大,使阀门开大。

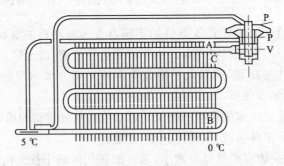

图 3-7 外平衡热力膨胀阀与蒸发器的连接

3.毛细管

毛细管是最简单的节流机构,通常用一根直径为 0.5~2.5 mm,长度为 1~3 m 的紫铜管就能使制冷剂节流、降温。

制冷剂在管内的节流过程极其复杂。在毛细管中,节流过程是在经毛细管总长的流动过程中完成的。在正常情况下,毛细管通过的制冷剂量主要取决于它的内径、长度与冷凝压力。

如长度过短或直径太大,则使阻力太小,液体流量过大,冷凝器不能供给足够的制冷剂液

体,降低了压缩机的制冷能力;相反,如毛细管过长或直径太细,则阻力又过大,阻止足够的制冷剂液体通过,使制冷剂液体过多地积存在冷凝器内,造成高压过高,同时也使蒸发器缺少制冷剂,造成低压过低。因此,毛细管的尺寸必须选择合适,才能保证制冷系统的正常运行。流入毛细管的液体制冷剂,受到冷凝压力影响,当冷凝压力越高,液体制冷剂流量越大,反之就越小。

4.电磁四通换向阀

热泵空调器是通过电磁换向阀改变制冷剂的流动方向的。当低压制冷剂进入室内侧换热器,空调器向室内供冷气;当高温高压制冷剂进入室内侧换热器时,空调器向室内供暖气。

电磁换向阀主要由控制阀与换向阀两部分组成,如图3-8所示。通过控制阀上电磁线圈及弹簧的作用力来打开和关闭其上毛细管的通道,以使换向阀进行换向。

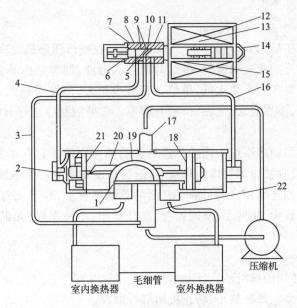

图3-8 电磁换向阀结构

1—换向阀体;2—活塞顶针;3—公共毛细管;4—左毛细管;5—控制阀体;6—右弹簧;7—左活塞;8—左通气口;
9—不锈钢针;10—右通气口;11—右阀塞;12—电磁线圈;13—柱塞弹簧;14—锁紧螺母;15—柱塞;16—右毛细管;
17—排气管;18—聚四氟乙烯活塞;19—滑块;20—托架;21—泄气孔;22—吸气管。

空调器制冷时,电磁线圈不通电,控制阀内的阀塞将右毛细管与中间公共毛细管的通道关闭,使左毛细管与中间公共毛细管沟通,中间公共毛细管与换向阀低压吸气管相连,所以换向阀左端为低压腔。在压缩机排气压力的作用下,活塞向左移动,直至活塞上的顶针将换向阀上的针座堵死。在托架移动过程中,滑块将室内换热器与换向阀中间低压管沟通;高压排气管与室外侧换热器相沟通。这时,空调器作制冷循环。

空调器制热时,电磁线圈通电,控制阀塞在电磁力的作用下向右移动,这样关闭了左毛细管与公共毛细管的通路,打开了右毛细管与公共毛细管的通道,使换向阀右端为低压腔,活塞就向右移动,直至活塞上的顶针将换向阀上的针座堵死。这时高压排气管与室内侧换热器沟通,空调器作制热循环。

5.干燥过滤器

(1)过滤器的功能

过滤器装在冷凝器与毛细管之间,用来清除从冷凝器中排出的液体制冷剂中的杂质,避免毛细管被阻塞,造成制冷剂的流通被中断,从而使制冷工作停顿。

(2)过滤器的结构

窗式空调器的过滤器,其结构比较简单,即在铜管中间设置两层铜丝网,用来阻挡液体制冷剂中的杂物流过;对设有干燥的过滤器,在器体中还装有分子筛(4 A 分子筛),用来吸附水分。如果这些水分不吸走,有可能在毛细管出口或蒸发器进口的管壁内结成冰,使制冷剂的流动困难,甚至发生阻塞,从而使空调器无法实现制冷降温。

制冷系统中水分的来源,主要是空调器使用一段时间后,由于安装不妥等原因产生振动,从而系统中的管道产生一些微小的泄漏,使得外界空气中的水分渗入。

四、制冷剂、冷媒、冷冻油

1.制冷剂

制冷剂又称"制冷工质",制冷循环中工作的介质。在蒸汽压缩机制冷循环中,利用制冷剂的相变传递热量,即制冷剂蒸发时吸热,凝结时放热。因此,制冷剂应具备下列特征:易凝结,冷凝压力不要太高,蒸发压力不要太低,单位容积制冷量大,蒸发潜热大,比容小。此外,还要求制冷剂不爆炸、无毒、不燃烧、无腐蚀、价格低廉等。常见的制冷剂有 R12、R22 及 R134a 等。

2.冷媒

冷媒又称"载冷剂",制冷系统中间接传递热量的液体介质。它在蒸发器中被制冷剂冷却后,送至冷却设备中,吸收被冷却物体的热量,再返回蒸发器将吸收的热量释放给制冷剂,重新被冷却,如此循环来达到连续制冷的目的。常用的载冷剂有水、盐水及有机溶液,对载冷剂的要求是比热大、导热系数大、黏度小、凝固点低、腐蚀性小、不易燃烧、无毒、化学稳定性好且价格低,容易购买。

3.冷冻油

冷冻油即冷冻机使用的润滑油。其基本性能如下:

(1)将润滑部分的摩擦降到最小,防止机构部件磨损。

(2)维持制冷循环内高低压部分给定的气体压差,即油的密封性。

(3)通过机壳或散热片将热量放出。

在选择冷冻机油时,还必须注意压缩机内部冷冻机油所处的状态(排气温度、压力、电动机温度等),概括起来,要注意以下几点:

(1)即使溶于制冷剂时,也要能保持一定油膜的黏度。

(2)高温或低温下与制冷剂、有机材料和金属等接触不应起反应,其热力及化学性能稳定。

(3)在制冷循环的最低温度部分不应有结晶状的石蜡分离、析出或凝固,从而保持较低的流动点。

(4)含水量极少。

(5)在压缩机排气阀附近的高温部分不产生积炭、氧化,具有较高的热稳定性。

(6)不使电动机线圈、接线柱等绝缘性能降低,而且有较高的耐绝缘性。

第四节　机房专用空调

计算机机房及通信设备的程控交换机机房与一般空调房间相比,不仅在温度、湿度、空气洁净度及控制的精度等要求上有所不同,而且就设备本身而言,区别也是非常明显的,我们把这种用于计算机及程控交换机机房的空调设备称为专用空调。

一、专用空调的特点

1. 设备热量大,散湿量小

机房内显热量占全部发热量的 90% 以上,它包括设备运行中自身的发热量、照明发热量、通过墙、顶、窗、地板的导热量,以及辐射热、新风热负荷等。

计算机设备在机房中每平方米的散热量平均在 15 W 左右,万门的程控交换机散热量随话务量的增减而变化,但其变化量不太大,程空交换机在机房中每平方米的散热量平均在 162~220 W。

设备运行时,只产生显热而不产生湿量,机房内湿度变化一般是由工作人员散湿量和新风带入的一定的湿量所造成的。

2. 设备送风量大、焓差小,换气次数多

由于机房环境里散热量中占 90% 左右是交换机散发的显热,因此,向计算机及程控交换机这些电子设备直接送风是最有效的,但送风的相对湿度不宜过高,一般控制在 50%~60%,送风温度也不宜过低,一般控制在 17℃ 以上,所以,在焓差小的工况下,要消除余热就必须要大风量,专用空调的换气次数,计算机机房 20~40 次/h,程控交换机机房 30~60 次/h。

3. 一般多采用下送风方式

大中型计算机及大容量的程控交换机散热量大且集中,不但要对机房进行空气调节,而且要对程控设备进行直接送风冷却,程控交换机设备的进风口一般设在其机架下侧或底部,排风口设在机架的顶部。空气通过架空活动地板由进风口进入,沿机架自下而上迅速有效地使设备得到冷却。

4. 全天候运行

在冬季,由于计算机设备及程控交换机设备在机房内的散热不减,余热尚存,故专用空调必须进行制冷工作,不论何种季节,机房所需温度、湿度不变,专用空调就要全天候对其进行调节,达到规定要求。为保证全年长期运行的可靠性,一般要考虑 15%~25% 的冷负载备用设备,进行多台组合。

二、机房环境条件的变化对设备的影响

计算机机房和程控交换机机房内的气候条件,直接关系到计算机和程控交换机设备工作的可靠性和使用寿命。而机房内微气候的变化,直接或间接地也会对计算机和程控交换机设备产生不良影响。

1. 机房温度变化

(1)温度偏高的影响

①会导致电子元器件的性能劣化,降低使用寿命。

②能改变材料的膨胀系数,如磁盘机、磁带机等精密机械由于受热胀的影响,往往会出现故障。

③会加速绝缘材料老化、变形、脱裂,从而降低绝缘性能,并促使热塑性绝缘材料和润滑油脂软化而引起故障。

④当温度偏高超过电机变压器绕组温升允许值时,会导致电机烧毁。

例如,某研究所装设的计算机机房,当室内温度超过 26℃ 时,计算机的工作就出现不正常

现象。某大楼的计算机机柜,在排风出口温度为 25 ℃时,机柜内硅管、锗管的表面温度升高可达 40 ℃,计算机就不能正常工作(有资料表明计算机允许最高极限温度为 60 ℃)。据试验资料表明,当计算机机柜内温度升高 10 ℃,设备的可靠性约下降 25%。

(2)温度偏低的影响

低温能使电容器、电感器和电阻器的参数改变,直接影响到计算机的稳定工作。低温不仅能使润滑脂和润滑油凝固冻结,还会引起金属和塑料绝缘部分因收缩系数不同而接触不良,材料变脆,个别密封处理的电子部件开裂等。

(3)温度变化率

单位时间内空气的温度变化较大,会使管件产生内应力,加速电子元器件及某些材料的机械损伤和电气参数的变化。温度变化较快会促使某些结合部位开裂、层离、密封件漏气、灌封材料从电子元器件或包装表面剥落等,从而产生空隙并使某些支撑件变形。

2. 湿度变化

(1)湿度偏高的影响

在空气中含湿量不变的情况下,相对湿度随着空气温度的降低而增大,相对温度接近 70% 时,某些部位可能出现微薄的凝水,水汽如果被管件吸入,即会改变它内部的电性能参数,引起漏泄、通路漏电,以致击穿损坏电子元器件。

湿度偏高会使金属材料氧化腐蚀,促使非金属材料的元件或绝缘材料的绝缘强度减弱,材料的老化、变形,引起结构的损坏。湿度偏高还会造成磁带运转时打滑,影响磁带机工作的稳定性,给磁盘及磁带的读写数据带来瞬时的差错。

(2)湿度偏低的影响

机房内的空气干燥,相对湿度偏低容易产生静电。据试验测试发现,当相对温度为 30% 时,静电电压为 5 kV。当相对湿度为 20% 时,静电电压为 10 kV。机房内当静电电压超过 2 kV 时会引起磁盘机出现故障,也会引起磁带变形翘曲和断裂。静电容易吸附灰尘,如被黏在磁盘、磁带的读、写磁头上,轻则出现数据误差,严重的会划伤盘片,损坏磁头。

机房内的静电对人也有明显的感觉,在静电电压超过 1 kV 时,放电过程对人的安全会造成威胁。

3. 尘埃的影响

空气中的尘埃粒径不等,形状各异,微粒尘埃受外界大气的作用在空气中浮游飘移。

对机房影响较大的有矿物性的和尘土纤维性的两类尘埃。矿物性的固体粉料进入机房,会划伤电子设备和整机的表面保护层,还会加速精密机械活动部位的磨损,造成故障。尘土纤维性的尘埃,具有吸湿性,如附着在电子元器件上,能导致金属材料氧化腐蚀,改变电气参数,还会使电子元器件散热不良,绝缘性能下降。

以往盒式磁盘对机房内空气的含尘量有比较严格的要求,目前几乎均用温盘替代了盒式磁盘。因为温盘是把磁头和盘面均装配有一个密封的盒子里,因而降低了对机房空气净化的洁净等级要求。

4. 有害气体的影响

机房内的有害气体来源于室外大气。例如,在机房场地不远有冶炼、化工等企业的气体排放,如二氧化硫(SO_2)、硫化氢(H_2S)、二氧化氮(NO_2)等有害气体,以及地处沿海地区的盐雾空气,随着机房空调的补充新风或机房门窗缝隙的渗透进入机房,将对机房设备产生不同程度的腐蚀作用,严重降低计算机和程控交换机设备工作的可靠性和使用寿命。机房内有空调系统的通风机及压缩机运转产生的空气动力噪声,计算机设备运转产生的击打声及机械噪声,还有些电子器件产生的噪声,短时间内机房噪声一般在 80 dB 左右,如果长时间在 71~80 dB 噪声的环境下工作,能使机房工作人员分散注意力,精神不容易集中,并产生厌烦心理的疲倦感。噪声不但影响人的身心健康和工作效率,还往往会造成人为的操作事故。

三、专用空调机的组成及型式

专用空调机由制冷系统、通风系统、水系统和温度、湿度自动控制系统,以及加湿器、加热器、过滤器等部件组成。

专用空调有风冷冷凝式机组、水冷冷凝式机组、冷冻水机组、乙二醇溶液冷凝式机组和乙二醇溶液制冷机组等形式。

专用空调制冷系统中的四大部件可集中组成一体机组,也可将压缩机与冷凝器分别组成空调机组的室内机和室外机,有的空调机组自身不带制冷压缩机,而设有空气冷却器。它是由中央空调的冷冻水来提供冷源的。有的空调机组自身带有制冷压缩机,另外还配有经济盘管、三通控制阀,利用室外环境温度来提供资源。

第五节 专用空调安装与调试的技术要求

一、专用空调的安装

1. 计算机机房位置的选择

计算机机房位置的选择应考虑诸多因素,其中包括:计算机机房应尽量靠近计算机的用户;确保计算机机房的安全;将计算机机房设置在建筑物的中心区而不是周边区;空调机组与室外的风冷冷凝器、冷却塔或干式冷却器应尽量靠近。一般计算机机房应设在建筑物中不受室外温度及相对湿度影响的区域。如果选择的位置有一面外墙,玻璃窗的面积则应保持最小,并且应采用双层或三层玻璃。

设计计算机机房时,不仅应考虑空调设备和计算机设备本身的尺寸及必要的操作维修距离,还应考虑开门所占的空间、电梯容量及能支持所有设备的地板结构,也要考虑计算机机房的配电及控制系统。初步规划时,要为计算机机房的发展及空调系统的扩大留出足够面积。

计算机机房应有完善的隔热环境,并且必须具有密封的隔气层。如吊顶设施的质量不好时,则不能隔气,所以要注意将吊顶或吊顶静压室做成密封式。为了隔潮,还应将橡胶或塑料底漆刷在砖墙或地板下,门下不要留缝,也不要安装格栅。不密封的吊顶不能作为通风系统的一部分,应尽量保持室外新风量流入减至最少,因为新风增加了空调系统的加热、制冷、加湿和除湿负荷。由于计算机机房内工作人员很少,所以建议新风量应低于总循环风量的 5%。

2. 空调系统的安装

室内机组可安装在可调的活动地板上。在机组下面必须安装额外的支座,以保证承受机组最大荷载能力,或者机组使用一个单独的地板支架,这支架与活动地板结构无关,并于地板安装之前装置。

若使用地板支架,可进行空调机组的安装、接管、接线和验收等工作,然后再装置活动地板,可使地板下的接管、接线工作更为容易,并且能在最短时间内安装好。地板支架与附近的活动地板应隔振,还应避免在机组下面的地板开专门的通风孔。如可能的话,应在机组的左侧、右侧及前方留有约 864 mm 的操作空间。机组安装操作的最小空间如下:在压缩机一端为

500 mm,在右端为 500 mm(对下送风或通冷冻水的机组为 500 mm),在机组的前方为 600 mm。以上空间是更换过滤器、调整风机马达转速和清洗加湿器等常规维修所需要的。

3.空调机组的电力要求

电压为 230 V、380 V 或 415 V,50 Hz 的电源。

应在机组 1.5 m 范围内安装一个手动电器断路开关,这个开关应事先安装在机组内。在外面安装一个锁紧型或非锁紧型操作手柄来控制此开关。

4.空气分布

空调机组可分为垂直式(上送式)或下送式。机组具有一定的设计送风量,因而在空气回路中应避免不正常的阻力。垂直式机组由工厂提供出风箱或出风接管。

关于地板下气流分布,请注意如下原则:

(1)避免将机组安置在凹室或长形房间的终端,这样会影响气流流动而不能达到满意的效果。

(2)要避免各机组过于靠近,否则会降低各机组的送风效果。

(3)为保证空气回路中压力损失最小,应适当选定格栅及带风孔的活动地板。格栅上可调百叶风门伸至活动地板之下数寸长时,不利于空气流动,所以要同时考虑地板高度和百叶风门高度以确定格栅的选型。

(4)用于活动地板的格栅尺寸有很多种,最大的约 457 mm×152 mm。大的格栅尺寸将会降低活动地板的结构承载力。一个 457 mm×152 mm 的重型防笔型格栅通常具有 0.036 m^2 的通风面积。

(5)很多活动地板生产厂家均供应穿孔板。这些板通常为 610 mm×610 mm,其标准的通风面积约为 0.07~0.09 m^2,选择穿孔板时应谨慎小心,因为有些厂家的穿孔板通风面积仅为 0.023~0.026 m^2。若选用这种穿孔板,则需要用 4 倍之多的穿孔板。

(6)在确定送风所需穿孔板和格栅的总数之前,应校验地板供应厂商的产品规格。格栅和穿孔板的产品规格应表明送风所需的总通风面积,而不是穿孔板和格栅的数目。

(7)采用格栅和穿孔板取决于几个因素。穿孔板通常用于计算机机房靠近硬件处,带有可调百叶风门的格栅应设于工作人员舒适的地方,诸如资料输入、打印或其他工作区。这允许工作人员为了舒适而调整风量,而不是因为设备负荷变化去调整。在高发热区使用带风门的格栅和穿孔板要特别小心谨慎,以免因为电缆乱堆、操作者的不舒适或不小心而关闭了风门。

(8)地板高度不要小于 190.5 mm;活动地板间安装得稳固、紧密;地板下面应尽量避免太多电缆沟,避免计算机用过长的电缆及管道障碍等。

5.风冷式空调机组

风冷式空调机组同时带有一个单独的风冷冷凝器。制冷剂管道必须要在场地连接,进行干燥,然后充装制冷剂。做好如下工作,机组即可运行:

①对室内机组供电。

②对风冷冷凝器供电。

③接好凝结水及加湿器的泄水管。

④接上加湿器水源。

(1)风冷冷凝器的安装

风冷冷凝器应放置于最安全且易于维修的地方。应避免放在公共通道或积雪、积冰的地方。如果冷凝器必须放在建筑物内,则需使用离心式风机。

为确保有足够的风量,建议将冷凝器安装在清洁空气区,远离可能阻塞盘管的尘埃及污物区。另外,冷凝器一定不要放置在蒸气、热空气或烟气排出处附近。冷凝器与墙、障碍物或附近机组的距离要多于 1 m。

冷凝器应水平安装,以保证制冷剂有正常的流动及油的回流。冷凝器支脚有安装孔,可稳固地将冷凝器安装在钢支座或坚固底座上。为了使声音和振动的传播达到最小,钢支架就要横跨在承重墙上,对于在地面上安装的冷凝器,坚固底座有足够的支承力。

所有风冷式冷凝器都需要供电设备,其电源电压不必与室内机组的电压相同。这个单独的电源可为 220/240 V 或 380/415 V,50 Hz。

(2)管道安装注意事项

所有制冷管路应用高温铜焊联结。将目前通用的、良好的管道安装技术应用在制冷管道支架、漏泄试验、干燥及充灌制冷剂等方面。制冷剂管道采用隔振支座以防止振动传向建筑物。

当垂直立管高度超过厂家要求的高度时,应在排气管线中安装一些存油弯。这个存油弯当停机时将冷凝器的制冷剂和制冷剂油汇集一起,并且保证运行时制冷剂油的流动。反向存油弯也应装在风冷冷凝器上以防停机时制冷剂倒流。

当制冷剂管道长度超过 30 m 或冷凝器安装低于制冷盘管 9 m 以上时,均需获得厂方同意。

活动地板下的所有管道必须布置好,使机组送出的气流阻力至最小。要精心地安排活动地板下面的管道以防止计算机机房内任何地方气流的阻塞。在活动地板下安装管道时,建议管道水平地安装在同一高度,而不是依靠支架把一根管叠放在另一根管之上,如可能的话,管道应平行气流方向。所有冷凝水泄水管和机组泄水管都应设有存水弯及顺向坡度接至下水管。

6.水冷式空调机组

水冷式空调机组是一个预先集装好的完整设备。它的制冷系统已完全安装好,并在工厂充灌了制冷剂,为运行做好了准备。做好如下工作,机组即可运行:

①对室内机组供电。

②接冷却水于冷凝器。

③接好凝结水及加湿器的泄水管。

④接上加湿器的水源。

(1)管道安装注意事项

空调机组中每个制冷回路均有一个水冷式冷凝器。将两个水冷式冷凝器的供水管及回水管分别连在一起,用户只需接上一个供水和回水管口。建议在每个空调机组的供水和回水管上安装手动关闭阀,这可保证机组的常规检修或紧急关断。

当冷凝器水源水质不好时,宜在供水管上加装净化过滤器,它将水源杂质颗粒滤除,并延长了水冷式冷凝器的使用寿命。必要时,可卸下冷凝器端盖,用管道通条清刷冷凝管道,冷凝器也可用酸清洗,但酸清洗通常不允许用在计算机机房内。

根据冷却塔或其他水源的最低供水温度,考虑是否需要对冷凝器供水管和回水管进行保温,保温可防止水管路上的结露现象。

为保证紧急泄水及地板下的溢流,泄水管应装有存水弯,地板下应装有"自由水面"水位探测器,诸如液体探测警报器。

安装于活动地板下的所有管道必须布置好,使机组送出的气流阻力达到最小。精心安排活动地板下的管道,以防止计算机机房内任何地方气流阻塞。在活动地板下安装管道时,建议将管道水平地安装在同一高度上,而不是依靠支架把一根管叠放在另一根管之上,如可能的话,管道应平行气流方向。所有冷凝水泄水管和机组泄水管都应设有存水弯及顺向坡度接至下水管。

(2)干式冷却器的安装

干式冷却器应放置在最安全且易于进行维修的地方,避免放在公共通道或积雪、积冰的地方。

为保证足够的风量,建议将干式冷却器安装在清洁空气区,远离可能阻塞盘管的尘埃及污物区。另外,干式冷却器一定不能放于蒸气、热空气或烟气排出区的附近。干式冷却器与墙、障碍物或邻近机组的距离要超过 1 m。

泵应靠近干式冷却器,膨胀水箱应装在系统的最高点。为稳固地安装干式冷却器,其支脚上设有安装孔;若安装在屋顶上,干式冷却器的钢支座应按照规范横跨在承重墙上;若于地面上安装,坚固底座已具有足够的支承力。

所有室外装置的干式冷却器均需要供电,其电源、电压不必与室内机组的电压相同。这个单独的电源可用 200 V、230 V 或 400 V 电压,50 Hz。室内机组和干式冷却器之间唯一的电气通路是一个现场安装的双线控制的联锁装置。

7.冷冻水空调机组

冷冻水空调机组,出厂时就已安装好全部控制器及阀门。做好如下工作,机组即可运行:

①为机组供电。

②接冷冻水源。

③接好凝结水及加湿器的排水管。

④接上加湿器水源。

管道安装应注意以下事项:

建议在每个机组的供水管和回水管上安装手动关闭阀。

根据冷水机组的最低供水温度,考虑是否需要对供水管和回水管进行保温,保温可防止冷冻水管上的结露现象。

为了保证紧急泄水及地板下的溢流,泄水管应装有存水弯或地板下应装有诸如液体探测器的"自由水面"水位探测器。

安装于活动地板下的所有管道必须布置好,使机组送出的气流阻力为最小。应精心安排活动地板下的管道,以防止计算机机房内任何地方气流阻塞。在活动地板下安装管道时,建议将管道水平地安装在同一高度上,而不是依靠支架把一根管叠放在另一根管上,如可能的话,管道应平行气流方向。所有冷凝水泄水管和机组泄水管都应设有存水弯及坡度接至排水管。

二、空调的测试

1.制冷系统的测试

机房专用空调系统主要由制冷、除湿、加热、加湿和送风等组成,如图 3—9 所示。

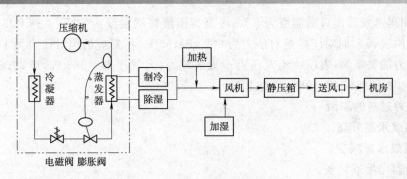

图 3-9　机房专用空调系统组成

(1)制冷系统高低压的测试

高压是指压缩机排出口至节流装置入口前,正常值为 1 500~2 000 kPa;低压是指节流装置出口至压缩机吸入口处,正常值为 400~580 kPa。低压告警设定值为 137~210 kPa;高压告警设定值为 2 200~2 400 kPa。

测量用仪表包括多头组合压力表、钳形电流表、点温度计和红外线测温仪。

测试制冷系统压力是否正常,可用压力表直接测量制冷系统高低压压力;用钳形电流表测压缩机工作电流,将测得电流与厂家提供的标准工作电流进行比较;用点温计或红外线测温仪测蒸发器出口端和冷凝器出液口端温度,再换算成压力。

①压力表测试法

把压力表直接接到压缩机吸排气三通阀处,直接读数即可,测试部分如图 3-10 所示。

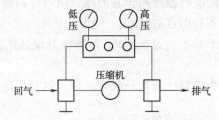

图 3-10　压缩机高低压力测试图

②钳形电流表测量法

用钳形电流表测压缩机空气开关输出端电流,将测得电流与厂家提供的标准工作电流进行比较。

③点温计、红外线测温仪测量法

用点温计测蒸发器出口端温度,并将温度换算出压力,即为低压;点温计测冷凝器出液口端温度,并将温度换算成压力,即为高压,温度测量图如图 3-11 所示。

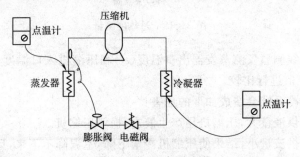

图 3-11　温度测试图

例如:测得蒸发器出口端温度为6℃,冷凝器出液口端温度为50℃。查R22在饱和状态下的热力性质表,6℃时对应的绝对压力为602 kPa,50℃时,对应的绝对压力为1 942 kPa。表压和绝对压力的关系为:表压=绝对压力-大气压力,大气压力=98 kPa,所以,低压=602-98=504 kPa,高压=1 942-98=1 844 kPa。

冷凝压力过高的原因:

a. 气温或水温升高。

b. 风量或水量减少。

c. 冷凝器结垢或结灰。

d. 制冷剂加入过多。

e. 制冷系统有空气存在。

f. 系统有局部堵塞等。

蒸发压力过低的原因:

a. 冷凝压力过低。

b. 蒸发器翅片结灰。

c. 室内机空气过滤器堵塞严重。

d. 制冷系统制冷剂少。

e. 供液系统局部堵塞或膨胀阀供液小。

f. 室内机温度设定值过低等。

(2)过热度测量与调整

过热度是指制冷剂气体的实际温度高于它的压力所对应的饱和温度。我们这里指的过热度是指蒸发器出口至压缩机入口两点的温差。

空调机组出厂时都有一个标准的过热度,如力博特空调过热度为5.6~8.3℃,海洛斯空调过热度为8℃左右。

测量过热度使用的仪表为点温计或红外线测温仪。测量部位和方法如图3-12所示。

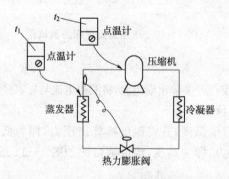

图3-12 过热度测量

用点温计或红外线测温仪测蒸发器出口温度(t_1)和压缩机入口温度(t_2),即过热度=t_2-t_1,将结果与出厂标准值进行比较。

过热度大小对制冷系统会造成如下的危害:

①过热度小说明供液量大,压缩机易产生液击,损坏压缩机。

②过热度大说明供液量小,结果使压缩机冷量下降,室温降不下来,运转时间延长,部件使用年限缩短,运转费用增加。

过热度的调整方法：

①调整热力膨胀阀的开启度。

②移动热力膨胀阀感温包位置。

2.室内机空气循环系统技术指标和测量

(1)送回风温度设定、控制与测量

温度设定依据：程控交换机机房温度应保持在 15～25 ℃。空调机出厂时的运行工况，室内机回风温度为 24 ℃，相对湿度为 50%，室外温度为 35 ℃。因此，机房回风温度设定在 22℃±2℃比较合理。

温度设定过高、过低的危害：温度设定值过低，那么空调实际运行工况的制冷量要小于出厂时的制冷量，其结果为空调运行时间延长，费用增加，设备使用年限缩短；如温度设定值过高，结果满足不了机房温度要求。

测量用仪表：温湿度仪。

测量方法：目测空调室内机显示屏或用温湿度仪测空调室内机的回风口和送风口温度。

(2)回风湿度设定、控制与测量

湿度设定依据：程控交换机机房相对湿度应保持在 30%～70% 范围之内。在满足机房要求的情况下，使空调机组不除湿，不加湿。因此，机房相对湿度的设定要根据当时机房环境相对湿度而定(目前空调机组相对湿度设定值一般都设在 50%＋(5%～10%)范围)。

例如：机房环境相对湿度为 65% 时，那么设定值应设在 55%±10%，如机房环境相对湿度在 40% 时，那么设定值应设在 50%±10%。

机房环境相对湿度过高、过低的危害：高湿使电器元件表面结露，影响电器元件的绝缘性能及设备的正常使用；低湿会产生不同电器元件之间放静电，元器件吸灰、变形。当相对湿度等于 30% 时，静电电压等于 5 kV；当相对湿度等于 20% 时，静电电压等于 10 kV。

测量用仪表：温湿度仪。

测量方法：目测空调室内机显示屏或用温湿度仪测空调室内机回风口相对湿度。

3.压缩机、室内风机、室外风机、加热器和加湿器电流的测量

测量使用的仪表：交流钳形电流表。

测量方法：测量各负载空气开关输出端电流，将测得读数记录并与厂家提供的标准进行比较。

三、专用空调的报警、故障分析及检修

1.更换过滤器

机组的回风过滤器应是定期更换的，这个报警是提醒用户现在必须更换过滤器，当过滤器太脏时，空气经过过滤器的压力损耗就大，机组上的一个压力开关就会闭合而触发报警，开关压力可根据开关掣上的贴纸指示来调节。

2.压缩机过载保护

装在压缩机内的安全开关，当压缩机过载时会断开，使压缩机停止工作。每台压缩机都装有三相过载保护器。压缩机过载报警后，视不同类型而定，可以手动复位或自动复位，过载保护装置都被安装在压缩机的接线盒里。

3. 用户报警

用户报警文本可通过程序在液晶显示屏上设置,这种用户报警可以在订货时由用户指定,而附加装置和导线等需要预先安装,报警文本可以被编入按英文字母顺序排列的报警清单中或由用户自己设定。如果由用户自动设定,那么必须告诉用户的维修人员有关的报警功能和正确的操作方法。

4. 高压报警

机组的每台压缩机上均装有一个压力开关,用来监察压缩机的排气压力,当排气压力大于高压设定值时,压力开关会使压缩机的继电接触器离开,并发出一个输入信号给控制系统。当报警发生后,可以通过按面板上的键来消除报警声,但必须手动复位该压力开关消除报警。

高压报警发生后,对于风冷式系统,应检查冷凝器的电源是否关掉,冷凝器的风机有否故障,压缩机的高压控制压力开关是否有故障,维修用的手动阀是否关闭,冷凝器盘管是否脏堵,制冷剂管路是否堵塞,制冷剂是否过多等。同时,还必须弄清当压缩机接触器吸合时,与其联动的冷凝器控制电动辅助触点是否有接合。

5. 高低湿报警

高低湿报警说明回风湿度已超过高低湿报警设定点。检查所有设定点是否合适,检查制冷系统运行是否正常。

6. 高低温报警

高低温报警说明回风温度已超过了高低温报警设定点。这时应检查所有设定点是否合适,房间的热负荷是否超过了机组的能力(即配备的机组冷量是否太小),检查所有制冷部件的运行情况,包括压缩机和各种阀门等。

7. 加湿器故障

红外线加湿器:该报警是由安装在加湿水盘上的高水位浮球开关触发的,这个浮球开关是经常关闭的,打开后即报警。应检查水盘的溢水管是否堵塞,浮球是否被卡在高位,加水电磁阀功能是否正常。

蒸气加湿器:该报警应检查加湿器、接触器、工作电流和上下水阀工作是否正常,如果加湿器电检结垢需清洗或更换。

8. 高压保护

高压保护报警说明压缩机运行时的吸气压力已低于设定点。机组通过一个压力开关来监察压缩机吸气压力,当压力降至设定点时,报警即被触发。

这时应检查系统的制冷剂是否有泄漏而造成制冷剂不足,制冷管路是否有堵塞,制冷回路的元件是否有故障,如液体管路电磁阀、低压开关、膨胀阀和压力调节阀等,还应检查冷凝管路或冷凝器上的手动阀是否关闭。

9. 烟雾报警

烟雾检测器探测到回风中的烟雾而触发的报警。应查明烟雾或火警的来源,并采取相应的应急措施。

10. 地板下漏水

表示任选的漏水检测系统探测到漏水的情况。这时应检查架空地板下及其他漏水原因。

1. 空调的目的是为了改善人的生活和工作的质量及满足机器设备的要求,其主要功能有制冷、制热、加湿和除湿等,并对温湿度进行控制。

2. 温度是表明物体冷热程度的物理量,测量温度的标尺称为温标,常用的温标有华氏(℉)和摄氏(℃)两种。空气中水蒸气的含量通常用含湿量、相对湿度和绝对湿度来表示。

3. 单位面积上所受的垂直作用力称为压力;绝对压力、表压力、真空度的换算关系为 $P_表 = P_绝 - B, P_真 = B - P_绝$

4. 空调器可分为:冷风型(单冷型),省略代号;热泵型,代号为 R;电热型,代号为 D;热泵辅助电热型,代号为 Rd,其中后三种统称为冷热型空调器。

5. 把制冷量与总耗能量的比率,称作制冷系数。所以说能效比是一项重要的技术性能指标,或者说是衡量空调的经济性能指标。其含义是指空调器在规定工况下,制冷量与总的输入功率之比,其单位为 WAN,即性能系数 JEER:实测制冷量/实际消耗总功率(W/W)。

6. 制冷系统是一个完整的密封循环系统,组成这个系统的主要部件是制冷压缩机、冷凝器、节流装置(膨胀阀或毛细管)和蒸发器。

7. 机房专用空调由制冷系统、通风系统、水系统、温湿度自动控制系统及加湿器、加热器和过滤器等部件组成。

8. 专用空调的故障告警主要有压缩机过载保护、高压保护、低压保护、加湿器故障和烟雾报警等。

9. 空调的测试内容主要包括制冷系统的高低压测试、出风口的温度、室内外风机电流、压缩机、加热器、加湿器电流及总负载工作电流测试等。

复习思考题

1. 空调的目的及手段是什么?

2. 什么叫压力? 表压力和绝对压力及大气压的关系如何?

3. 冰变成水,水变成水蒸气过程需要什么条件? 其物质变化状态有哪些?

4. 房间的热、湿负荷主要来源有哪些?

5. 制冷系统中,冷凝压力表读数为 176.519 kPa,蒸发压力表读数为 441.3 kPa,试问绝对压力各为多少?

6. 为什么热泵制热量要比制冷量大?

7. 什么是空调的过热度? 过大和过小的原因是什么? 对空调工作有何影响?

8. 制冷剂与冷媒是不是一回事? 为什么?

9. 试述冷凝压力过高的原因。

10. 空调中制冷剂不足的常见的现象特征有哪些?

11. 画简图说明制冷系统的工作原理。

12. 你可以用哪些方法来判断空调工作是否正常?

第四章

直流供电系统

直流稳压电源主要有线性电源、相控电源、开关电源三种。本章主要介绍开关电源的稳压原理、基本电路结构,分析功率变换电路、PWM 控制器原理,在此基础上,介绍开关整流器共性部分典型电路。

第一节　线性电源、相控电源与开关电源

交流电经过整流,可以得到直流电。但是,由于交流电压及负载电流的变化,整流后得到的直流电压通常会造成 20%～40%的电压变化。为了得到稳定的直流电压,必须采用稳压电路来实现稳压。按照实现方法的不同,稳压电源可分为三种:线性稳压电源、相控稳压电源、开关稳压电源。

一、线性稳压电源

线性稳压电源通常包括:调整管、比较放大部分(误差放大器)、反馈采样部分及基准电压部分。调整管与负载串联分压(分担输入电压 U_i),因此只要将它们之间的分压比随时调节到适当值,就能保证输出电压不变。

这个调节过程是通过一个反馈控制过程来实现的。反馈采样部分监测输出电压,然后通过比较放大器与基准电压进行比较判断,输出电压是偏高了还是偏低了,偏差多少,再把这个偏差量放大去控制调整管,如果输出电压偏高,则将调整管上的压降调高,使负载的分压减小;如果输出电压偏低,则将调整管上的压降调低,使负载的分压增大,从而实现输出稳压。图4-1 为用分立元件组成简单的线性稳压器电路。

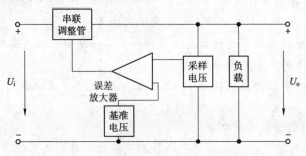

图 4-1　线性串联稳压电源原理框图

线性稳压电源的线路简单、干扰小,对输入电压和负载变化的响应非常快,稳压性能非常好。但是,线性稳压电源功率调整管始终工作在线性放大区,调整管上功率损耗很大,导致线

性稳压电源效率较低,只有 20%~40%,发热损耗严重,所需的散热器体积大,重量重,因而功率体积系数只有 20~30 W/dm³;另外线性电源对电网电压大范围变化的适应性较差,输出电压保持时间仅有 5 ms。因此线性电源主要用在小功率、对稳压精度要求很高的场合,如一些为通信设备内部的集成电路供电的辅助电源等。

二、开关型稳压电源

线性稳压电源的动态响应非常快,稳压性能好,但功率转换效率太低。要提高效率,就必须使图 4—1 中的功率调整器件处于开关工作状态,电路相应地稍加变化即成为开关型稳压电源。转变后的原理框图如图 4—2 所示。调整管作为开关而言,导通时(压降小)几乎不消耗能量,关断时漏电流很小,也几乎不消耗能量,从而大大提高了转换效率,其功率转换效率可达 80% 以上。

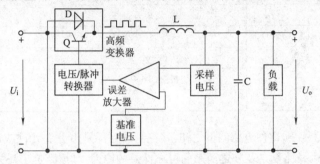

图 4—2 降压型开关电源原理图

在图 4—2 中,波动的直流电压 U_i 输入高频变换器(即为开关管 Q 和二极管 D),经高频变换器转变为高频(≥20 kHz)脉冲方波电压,该脉冲方波电压通过滤波器(电感 L 和电容 C)变成平滑的直流电压供给负载。高频变换器和输出滤波器一起构成主回路,完成能量处理任务,而稳定输出电压的任务是靠控制回路对主回路的控制作用来实现的。控制回路包括采样部分、基准电压部分、比较放大器(误差放大器)、脉冲/电压转换器等。

开关电源稳定输出电压的原理可以直观理解为是通过控制滤波电容的充、放电时间来实现的。具体的稳压过程如下:

当开关稳压电源的负载电流增大或输入电压 U_i 降低时,输出电压 U_o 轻微下降,控制回路就使高频变换器输出的脉冲方波的宽度变宽,即给电容多充点电(充电时间加长),少放点电(放电时间减短),从而使电容 C 上的电压(即输出电压)回升,起到稳定输出电压的作用。反之,当外界因素引起输出电压偏高时,控制电路使高频变换器输出脉冲方波的宽度变窄,即给电容少充点电,从而使电容 C 上的电压回落,稳定输出电压。

开关稳压电源和线性稳压电源相比,功率转换效率高,可达 65%~90%,发热少、体积小、重量轻,功率体积系数可达 60~100 W/dm³,对电网电压大范围变化具有很强的适应性,电压、负载稳定度高,输出电压保持时间长达 20 ms,但是线路复杂,电磁干扰和射频干扰大。具体性能指标对比见表 4—1。

和相控稳压电源相比,开关电源不需要工频变压器,工作频率高,所需的滤波电容、电感小,因而体积小、重量轻、动态响应速度快。开关电源的开关频率都在 20 kHz 以上,超出人耳的听觉范围,没有令人心烦的噪声。开关电源可以采用有效的功率因数较正技术,使功率因数达 0.9 以上,高的甚至达到 0.99(安圣的 HD4850 整流模块)。这些使得开关电源的性能几乎全面超过相控电源,在通信电源领域已大量取代相控电源。

表 4—1　开关稳压电源与线性稳压电源的主要性能比较

项　目	开关稳压电源	线性稳压电源
功率转换效率	65%～95%	20%～40%
发热(损耗)	小	大
体积	小	大
功率体积系数	60～100 W/dm³	20～30 W/dm³
重量	轻	重
功率重量系数	60～150 W/kg	22～30 W/kg
对电网变化的适应性	强	弱
输出电压保持时间	长(20 ms)	短(5 ms)
电路	复杂	简单
射频干扰和电磁干扰(RFI 和 EMI)	大	小
纹波峰值	大(10 mV)	小(5 mV)
动态响应	稍差(2 ms)	好(100 ms)
电压、负载稳定度	高	低

　　开关电源的线路复杂,这种电路问世之初,其控制线路都是由分立元件或运算放大器等集成电路组成。由于元件多,线路复杂及随之而来的可靠性差的原因,严重影响了开关电源的广泛应用。

　　开关电源的发展依赖于元器件和磁性材料的发展。20 世纪 70 年代后期,随着半导体技术的快速发展,高反压快速功率开关管使无工频变压器的开关稳压电源迅速实用化。而集成电路的迅速发展为开关稳压电源控制电路的集成化奠定了基础。陆续涌现出的开关稳压电源专用的脉冲调制电路,如 SG3526 和 TL494 等为开关稳压电源提供了成本低、性能优良可靠、使用方便的集成控制电路芯片,从而使得开关电源的电路由复杂变为简单。目前,开关稳压电源的输出纹波已可达 100 mV 以下,射频干扰和电磁干扰也被抑制到很低的水平上。随着电技术的发展,开关稳压电源的缺点正逐步被克服,其优点也得以充分发挥,尤其在当前能源比较紧张的情况下,开关稳压电源的高效率能够在节能上做出很大的贡献,正因为开关电源具有这些优点,它得到了蓬勃的发展。

第二节　高频开关电源的基本原理

一、开关电源的基本电路结构

　　通信电源的功率较大,所采用的开关电源一般都是他激式的,这里只介绍他激式开关电源的结构和原理。

　　1. 开关电源的基本电路框图

　　开关电源的基本电路框图如图 4—3 所示。开关电源的基本电路包括两部分:一是主电路,是指从交流电网输入到直流输出的全过程,它完成功率转换任务,二是控制电路,通过为主电路变换器提供的激励信号控制主电路工作,实现稳压。

　　2. 主电路

　　主电路完成交流到直流输出全过程,是高频开关整流器的主要部分,由以下部分组成:

　　(1)交流输入滤波器:其作用是将电网中的尖峰等杂波过滤,给本机提供良好的交流电,另

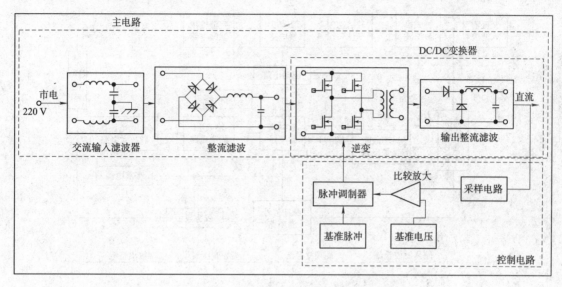

图 4—3 开关电源基本电路原理框图

一方面也防止本机产生的尖峰等杂音回馈到公共电网中。

(2)整流滤波:将电网交流电源直接整流为较平滑的直流电以供下一级变换。

(3)逆变:将整流后的直流电变为高频交流电,尽量提高频率以利于用较小的电容、电感滤波(减小体积、提高稳压精度),同时也有利于提高动态响应速度。频率最终受到元器件、干扰、功耗及成本的限制。

(4)输出整流滤波:根据负载需要,提供稳定可靠的直流电源。

其中逆变将直流变成高频交流,输出整流滤波再将交流变成所希望的直流,从而完成从一种直流电压到另一种直流电压的转换,因此也可以将这两个部分合称为 DC/DC 变换(直流/直流变换)。

3.控制电路

从 DC/DC 变换器输出端采样,经与设定标准(基准电源的电压)进行比较,然后去控制逆变器,改变其脉宽或频率,从而控制滤波电容的充放电时间,最终达到输出稳定的目的。

二、典型开关电源的基本组成

为了保证长期稳定运行和满足特定应用场合的要求,实际电源产品还有许多专用电路,保护电路等。

安圣 HD 系列高频开关整流器的典型原理框图如图 4—4 所示。它主要由输入电网滤波器、输出整流滤波器、控制电路、保护电路、辅助电源等几部分组成。

它的主电路:主要由交流输入滤波器、整流滤波电路、DC/DC 变换电路、次级滤波电路组成,以完成功率变换。

控制电路:由采样电路、基准电源、电压/电流比较放大、输入/出隔离、脉宽调制电路、脉冲信号源电路、驱动电路及均流电路等组成电压环、电流环双环控制电路。

除此之外,还有一些辅助电路:辅助电源电路、风扇故障保护电路、表头显示电路及其他一些提高系统可靠性的保护电路。下面分块介绍电路及其工作原理。

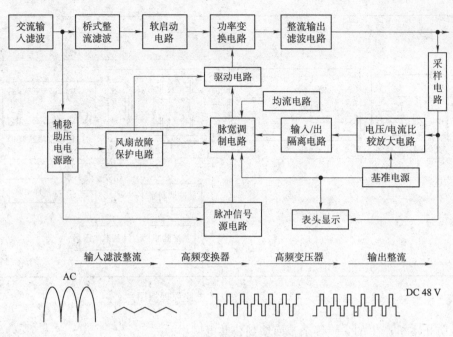

图 4—4 开关整流器的典型原理框图

三、典型开关电源工作原理

1. 主电路

主电路如图 4—5 所示。交流输入电压经电网滤波、整流滤波得到直流电压,通过高频变换器将直流电压变换成高频交流电压,再经高频变压器隔离变换,输出高频交流电压,最后经过输出整流滤波电路,将变换器输出的高频交流电压整流滤波得到需要的直流电压。

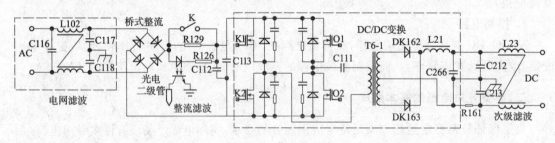

图 4—5 典型主电路

2. 交流输入滤波及桥式整流滤波电路

电容 C116、C117、C118,共模电感 L102 构成 EMI(Electromagnetic Interference 电磁干扰)滤波器,其作用是:一方面抑制电网上的电磁干扰;另一方面还对开关电源本身产生的电磁干扰有抑制作用,以保证电网不受污染。即它的作用就是滤除电磁干扰,因此常称作 EMI 滤波器。

单相/三相市电经滤波后,再经全桥整流滤波,得到 300/500 V 左右的高压直流电压,送入功率变换电路。

3. 功率变换电路(DC/DC 变换电路)

300/500 V 高压直流电送入功率变换器,功率变换器首先将高压直流电转变为高频交流脉冲电压或脉动直流电,再经高频变压器降压,最后经输出整流滤波得到所需的低压直流电。

4. 次级滤波电路

由于 DC/DC 全桥变换器输出的直流电压仍含有高频杂音,需进一步滤波才能满足要求。为此在 DC/DC 变换器之后,又加了共模滤波器。

由高频电容 C212、C213 及电流补偿式电感 L23 组成的共模滤波器的直流阻抗很低,但对高频杂音有很强的抑制作用,使输出电压的高频杂音峰一峰值降到 200 mV 以下。

第三节　PS 系列电源简介

安圣公司从 90 年开始着手开发、研制、生产高频开关电源系统。目前安圣公司提供的 PS 系列智能高频开关电源系统,产品规格齐全,利用计算机技术、现代化自动控制技术实现了系统的本机、近程、远程三级监控。可为各种程控交换机及其他通信设备提供－48 V 和 24 V 直流电源和多路稳定交流配电。

一、安圣公司 PS 系列电源

PS48 系列智能高频开关电源系统均由交流配电、直流配电、整流模块、监控部分组成,其整体结构如图 4－6 所示。

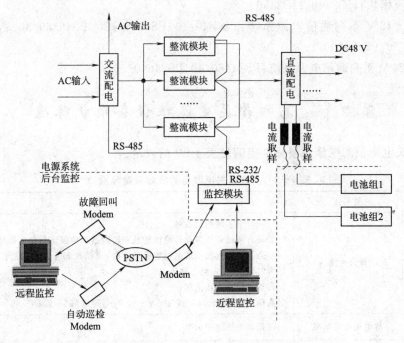

图 4－6　PS 系列电源系统组成原理

市电输入到交流配电,交流配电将电能分配给各路交流负载和整流模块,整流模块将交流电压整流成 48 V 的直流电。整流模块输出的直流电流汇集到直流母排,再进入直流配电,由直流配电将直流分配给各路负载(交换机等设备),并给电池充电。监控模块是电源系统的大脑,实时监测和控制电源系统的各个部分。这 4 个部分各分担一定的功能,相互配合,保证对直流负载的可靠供电。

监控模块配有标准的通信接口,可以通过近程后台或远程后台监控电源系统的运行,实现电源系统的集中维护。

交流配电：输入市电或油机电，将交流电能分配给各路交流负载。当市电中断或市电异常时（过压、欠压、缺相等），配电屏能自动发出告警信号，有的电源系统还能自动切换到第二路市电或自动切断交流电源，保护系统。

整流模块：从交流配电取得交流电能，将交流电整流成直流电，输出到直流母排。交流异常或直流输出异常时发出告警或自动保护。整流模块发生严重故障时，自动关机，退出工作。

直流配电：将直流母排上的直流电能分配给不同容量的负载，并给电池充电。当直流供电异常时要产生告警或保护，如熔断器断告警、电池欠压告警、电池过放电保护等。

监控模块：实时监测和控制电源系统各部分工作，即监测和控制交流配电、整流模块、直流配电的工作状态。对电池进行自动管理，即自动控制充电过程，监测电池放电过程，电池电压过低时发出告警或控制直流配电断开电池，自动保护电池。监控模块还配有标准的通信口，如RS-232、RS-485或RS-422通信口作为后台监控的接口。

二、PS系列通信电源产品

模块容量从10 A到200 A，电源系统有－48 V、24 V两大系列，容量从10 A到6 000 A平滑覆盖。

－48 V整流模块：HD4810、HD4820、HD4825、HD4830、HD4850、HD48100。

24 V整流模块：HD2440、HD2450。

典型的－48 V系列通信电源系统：PS4840/10、PS48300/25、PS48360/30、PS48400/50、PS48600－2/50、PS481000/100。

典型的24 V系列通信电源系统：PS24480/40、PS24600/50。

第四节 高频开关电源柜设备维护标准

高频开关电源柜的维修质量标准应满足表4－2的规定。

表4－2 高频开关电源柜的维修质量标准

序 号	项 目	标 准
1	输入性能	1. 同时引入两路交流电。 2. 具有两路电源自动转换性能且在转换过程中保证不发生并路。 3. 当Ⅰ路输入断电或超过规定范围时，自动转到Ⅱ路供电；当Ⅰ路输入恢复正常时，自动转回到Ⅰ路供电。 4. 输入允许电压范围： 通信站380 V±76 V或220 V±44 V；中间站155～285 V
2	蓄电池质量标准	依据蓄电池维护标准
3	自动稳压	1. 范围 (1)48 V：44～58 V。 (2)24 V：22～28.5 V。 (3)12 V：11～14.2 V。 (4)6 V：5.5～7.1 V。 2. 精度 (1)电压调整率：≤±0.1% (2)负载调整率：≤±0.5% (3)负载电流在0～100%额定值范围内，输入电压在允许范围变化，稳态稳压精度≤±1%

序　号	项　目	标　　准
4	杂音电压	1. 电话衡重:≤2 mV。 2. 峰—峰值:≤20 mV(0～20 MHz)。 3. 宽频:3.4～150 kHz:≤100 mV。 　　150～30 MHz:≤30 mV
5	并联负载均分性能 (均流性能)	整流模块以 $N+1$ 方式并联供电,应做到均分总负载电流值。当整流模块平均负担电流在单模块额定电流值的 50%～100% 范围内时,模块并联均分负载不平衡度≤±5%
6	限流	1. 中间站 50%～110% 额定范围内可调。 2. 通信站 90%～110% 额定范围内可调
7	保护性能	1. 交流输入过电压:当交流输入电压超过过电压整定值时应自动关机保护,并发出声光报警。 2. 交流输入欠电压:当交流输入电压低于欠电压整定值时应自动关机保护,并发出声光报警。 3. 直流输出过电压:可根据要求整定,当输出电压高于整定值时应自动关机保护,并发出声光报警。 4. 直流输出欠电压:当输出电压降低到输出欠电压整定值时应自动发出声光报警。输出欠电压额定值为 48 V。 5. 直流输出过电流:当输出电流超过 120% 额定电流值时,应自动关机保护,并发出声光报警
8	告警	1. 发生下列情况时,必须发出音响及灯光告警信号: (1)直流输出电压达到或超过设定的告警范围。 (2)输入发生停电。 (3)交流输入开关(熔断器)跳闸(熔断)。 (4)直流输出开关(熔断器)跳闸(熔断)。 (5)保护电路动作。 2. 关断告警声响信号后灯光信号必须存在;当故障恢复后应再次发出声响信号
9	熔断器及断路器容量	1. 交流输入熔断器(断路器)的容量应按最大值的 1.2～1.5 倍选取。 2. 直流输入熔断器(断路器)的容量: 　总容量应为分容量和的 2 倍。 　分容量应为负载电流的 1.5 倍
10	配线	1. 铜、铝连接必须采用铜铝过渡连接。 2. 配线时,两端必须有明确的标志

1. 直流电源供电标准:(通信设备被供电端子上电压波动范围)$24^{+1.5}_{-1.2}$ V;$48^{+9.6}_{-4.8}$ V。

2. 交流市电供电标准:电压 220^{+22}_{-33} V;380^{+38}_{-57} V;频率:50 Hz±2 Hz。

3. 高频开关电源柜的交流电源应采用三相五线制或单相三线制供电,并能接入两路交流电源,具有电气联锁功能,防止并路使用。

4. 高频开关电源柜应设有停电、输入电压过高、输入电压过低等声光报警装置,并保证有效。

5. 设备的直流工作地线排与保护地线装置必须分开设置。设备的外壳及防雷保护单元必须接保护地线,其导线的截面积应大于或等于 4 mm,保护地线的接地电阻应符合规定。

6. 高频开关电源的输出电流不应超出其额定值,各整流模块应能自动均流,在 50%～100%

负载范围内,其并联均分负载不平衡度应小于或等于±5%。

7.高频开关电源的直流配电屏(盘),应能同时接入两组蓄电池,并满足并组均充、浮充、放电的要求,操作时必须保证不中断供电。

8.高频开关电源必须设置直流输出欠压告警,并确保直流输出欠压告警先于一次下电的电压门限值。直流输出欠压告警建议设置值－48 V,一次下电门限建议设置值－44 V,二次下电门限建议设置值－43.2 V。

第五节　开关电源设备维护

由于高频开关电源系统在通信电源系统中所处的重要地位,对其运行管理和维护工作是非常重要的,并且受其本身平均无故障运行时间(Mean Time Between Failure,MTBF)的长短、日常维护质量的优劣、外界干扰强度和工作环境等因素的影响,设备发生故障是难免的,对故障的迅速、正确排除,减少故障所造成的损失是项重要的基本任务。目前的高频开关电源系统具有一定的智能化,不但体现在具有智能接口,能与计算机相连实现集中监控,而且当系统发生故障时,系统监控单元能显示故障事件发生的具体部位、时间等。维护人员利用监控单元的这些信息能初步判断故障的性质。但由于目前高频开关电源系统智能化程度还没有达到真正能代替人的所谓"人工智能"的程度,很多实际故障发生后的判断处理仍然需要有经验的电源维护人员根据故障现象,进行缜密分析,做出正确的检查、判断及处理。

一、系统维护的基本步骤

当设备发生故障后,需进行维修。系统检查维修的基本步骤如下:

(1)首先查看系统有无声光告警指示。由于开关电源系统各模块均有相应的告警提示,如整流模块故障后其红色告警指示灯点亮,同时系统蜂鸣器发出声告警。

(2)再看具体故障现象或告警信息提示。例如,观察具体故障现象与监控单元中告警单元提示是否一致,有无历史告警信息等,有时可能会出现无告警但系统功能不正常的现象。

(3)根据故障现象或告警信息,对本开关电源做出正确的分析及形成处理故障的检修方法,即可完成故障检修。

二、开关电源系统故障分析

开关电源的故障多种多样,应根据系统的配置情况做出判断。故障现象的分类如图 4-7所示。

1. 正常告警类故障

这一类故障发生时,系统配电模块、整流模块会有相应的故障指示,查看监控单元相应的告警信息,各监控单元提示的故障信息与实际情况一致。

2. 非正常告警类故障

这一类故障发生时,虽然系统有故障灯亮、告警声响等现象,但情况与监控单元告警信息不一致或监控单元无相应告警信息。

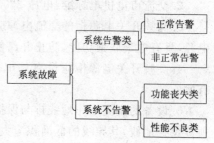

图 4-7　故障现象分类示意图

3．功能丧失类不告警故障

这一类故障发生时，系统的功能发生异常或丧失，但系统没有任何告警提示。

4．性能不良不告警故障

这一类故障发生时，系统检测的参数不符合系统性能指标，发生检测不准或参数不对等情况。

在实际检修过程中，可以根据故障现象归入上述一种或多种情况：

（1）正常告警与非正常告警

系统告警类的典型特征是系统对应部位声光告警，例如，交流配电发生故障会发生配电故障灯亮或有蜂鸣器告警；模块发生故障会出现模块灯亮；监控有当前告警时监控单元灯亮或有蜂鸣器告警。在处理系统告警类故障时，一般先按正常告警方法检修，查不出故障时按非正常告警检修方法检修。

在配电故障中，可依据监控告警信息，找出可能发生的故障部位。交流配电故障中，可分为交流电故障及交流输入回路（及后续电路引起交流输入回路）故障；直流配电故障中，可分为输出电压故障、电池支路及输出支路故障。

监控通信故障中（监控单元告警，其他部位无告警），可依据交、直流屏通信中断，模块通信中断等方面去梳理。

模块故障依据告警性质不同（红、黄灯不同）去分析属于模块故障还是风扇故障。

（2）功能丧失或性能不良类故障

在交流配电中的故障现象，如指示灯损坏、电路板损坏及当交流过压、欠压时的保护等属于功能丧失或性能不良类故障。下面，以各整流模块之间均流不正常为例来说明。

故障现象：模块与模块之间输出电流不均衡，不均流度大于5%或某一模块总是偏大或偏小。检修流程图如图4－8所示。

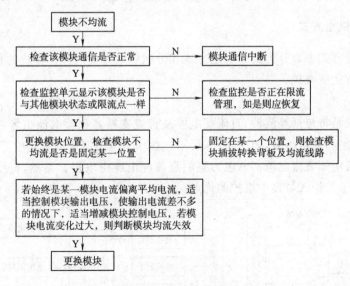

图4－8　故障检修流程

三、高频开关电源维护测试项目及周期

高频开关电源维护测试项目及周期应满足表4－3的规定。

表 4-3　高频开关电源维护测试项目及周期

类　别	项目与内容	周　期	备　注
日常维护	1.运行情况及告警巡视检查	日	无人值守机房可通过监控系统巡视
	2.表面清扫检查。 3.历史告警检查。 4.时钟检查校对。 5.输出电压、电流记录。 6.转换开关及指示灯检查,标签核对检查	月	
	7.风扇及滤网的清洁检查。 8.交流主备倒换试验。 9.交流停电告警试验	季	
集中检修	1.均浮充限流试验。 2.均浮充均流检查、调整。 3.直流负载电流测试及熔丝检查。 4.直流馈电线电压降测试。 5.输出杂音电压测试。 6.直流工作地线、保护地线检查及接地电阻测量。 7.强度检查、配线整理及电缆架(沟)清扫。 8.系统参数检查核对。 9.防雷保护单元检查(更换)。 10.全部告警试验	年	避雷装置检查在雨季应每月进行一次,遭到雷击后要及时更换 结合容量试验测试直流输出欠压告警
重点整治	1.更换整流(或 DC/AC、控制盘)等模块。 2.更换老化配线、配件		根据需要

第六节　直流配电技术

一、直流电源供电方式

直流电源供电方式主要分为集中供电方式和分散供电方式两种。传统的集中供电方式正逐步被分散供电方式所取代。

1. 集中供电方式

集中供电系统是将包括整流器、直流配电屏及直流变换器和蓄电池组等在内的直流电源设备,安装在电力室和蓄电池室,如图 4-9 所示。在一个电力室里可能集中了多种直流电源,全局所有通信设备所用直流电源都从电力室的直流配电屏中取得。显然,传统集中供电具有电源设备集中,便于维护人员集中维护的优点。

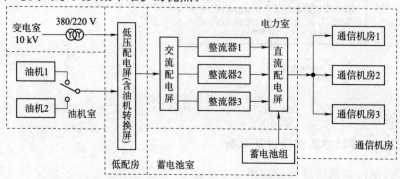

图 4-9　集中供电方式示意图

随着现代通信网逐步向数字化、宽带化、个人化方向发展,通信设备对通信电源供电系统提出了更高的要求,集中供电系统已经不能适应通信发展的要求,正逐渐被分散供电体制所取代。一般来说,集中供电方式存在以下缺点:

(1)供电系统可靠性差。在集中供电系统中,由于担负着全局通信设备的供电任务,如果其中的某部分设备出现故障,影响范围很大,甚至造成通信全阻。所以从整个通信网的可靠性来看,运行可靠性很差。

(2)在集中供电系统中,电源设备到通信设备采用低压直流传输,距离较长,从而造成直流馈电线路压降过大,线路能耗加大等后果。另外,过长的馈电回路还会影响电源及电路的稳定性。

(3)由于各种通信设备对电压的允许范围不一致,而集中供电量由同一直流电源供电,严重影响了通信设备的使用性能,同时还会使系统的电磁兼容性(EMC)变差。

(4)集中供电系统需按终期容量进行设计。集中供电系统在扩容或更换设备时,往往由于设计时的容量跟不上通信发展的速度而需要改建机房,造成很大浪费。此外,由于集中供电系统设计时电源备选型在容量上至少预计了10年的负载要求,这样在工程结束的初期,大量电源设备搁置待用或轻载运行,也造成极大的浪费。

(5)需要达到技术要求的专用电力室和电池室。集中供电系统需要符合技术规范的电力室和电池室,基建投资和满足相关技术规范的装备投资都很大。

(6)需要24 h专人值班维护,维护成本很高。

2. 分散供电方式

(1)分散供电方式的类型

①半分散供电方式

所谓半分散供电方式,就是把整流器与蓄电池及相应的配电单元等设备安装在通信机房或邻近房间中,并向该通信机房中的通信设备供电的方式。在实际运行中,又可以分为两类:

一类是将电源设备(整流器、蓄电池和交直流配电屏)安装在通信机房内,为本机房的各种通信设备供电。这是国外目前普遍采用的方式(如日本、瑞典等)。

另一类是电源设备在通信机房中分成若干个小的独立电源系统,每个小电源系统都包含了整流模块蓄电池组和配电模块,并向本机房中部分通信设备供电,目前英国和法国采用这种供电方式。

半分散供电方式的电源设备结构如图4-10所示。图中电源机柜包含整流模块和交直流配电单元及保护装置,柜中直流配电单元用于将直流电源分配到每列通信模块系统的最末端,馈电线路短,而且可用小线径的电缆。

②全分散供电系统

在这种供电系统中,每列通信设备的机架内都装设了小型基本电源(包括整流模块、交直流配电单元和蓄电池),澳大利亚、美国采用了这种供电方式。

(2)分散供电方式的优缺点

分散供电优点:

①分散供电可靠性高,采用分散供电系统,将规模很大的电源变为小电源系统,在故障发生时,因为减小了故障影响面,所以提高了电源系统可靠性,或者将大电源系统改为分散式有并联冗余的小电源系统向同一机房的通信设备供电,也可提高通信电源可靠性。

②分散供电有明显的经济效益。采用分散供电系统后,各种容量的能耗及占地面积都会有较大幅度的减少。

③承受故障能力强。由于采用较短且较细的电缆将电源设备与负载连接起来,故短路后

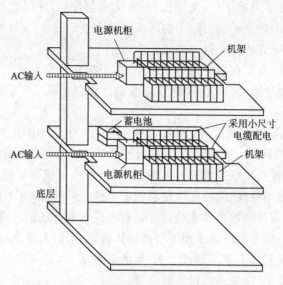

图 4—10　半分散供电方式电源设备的布放

的瞬变电压小,因此大多数分散供电系统不需用高阻配电来限制故障电流。即使发生严重故障时,如电池端或主配电单元发生短路及电池组中出现故障电池等,仅会导致部分电源供电中断,而不会引起对所有通信设备供电的中断。

④能合理配置电源设备。在实施分散供电系统的设计时,由于与通信设备同时计划安装,不需考虑扩容等问题,节约了初期投资、减少了设备和系统资源的浪费。

分散供电存在的问题:

由于分散供电是将蓄电池与通信设备放在同一机房,故要求电池密封程度很高,同时考虑到楼板的承受力,一般电池容量按 $0.1\sim1\,\mathrm{A\cdot h}$ 配备,对交流供电要绝对保证。

二、直流配电的作用和功能

直流配电是直流供电系统的枢纽,它将整流输出的直流和蓄电池组输出的直流汇接成不间断的直流输出母线,再分接为各种容量的负载供电支路,串入相应熔断器或负荷开关后向负载供电。图 4—11 为直流配电一次电路示意图。

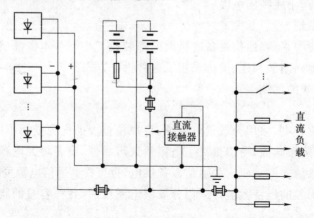

图 4—11　直流配电一次电路示意图

直流配电的作用和功能的实现一般需要专用的直流配电屏(或配电单元)完成。直流配电屏除了完成图4-11所示的一次电路的直流汇接和分配的作用以外,通常还具有以下一些功能:

1.测量

测量系统输出总电压,系统总电流;各负载回路用电电流;整流器输出电压电流;各蓄电池组充(放)电电压、电流等,并能将测量所得到的值通过一定的方式显示。

2.告警

提供系统输出电压过高、过低告警;整流器输出电压过高、过低告警;蓄电池组充(放)电电压过高、过低告警;负载回路熔断器熔断告警等。

3.保护

在整流器的输出线路上,各蓄电池组的输出线路上及各负载输出回路上都接有相应的熔断器短路保护装置。此外,各蓄电池组线路上还接有低压脱离保护装置等。

三、直流供电系统的配电方式

传统的直流供电系统中,利用汇流排把基础电源直接馈送到通信机房的直流电源架或通信设备机架,这种配电方式汇流排电阻很小,故称为低阻配电方式,如图4-12(a)所示。假设RL_1发生短路(用S_1合上代表短路),则当F_1尚未熔断前,AO之间的电压将跌落到极低(约为AB间阻抗与电池内阻R_r之比,F_1电阻很小,故电压接近于0),而且短路电流很大(基本上由电池电压及电池内阻决定)。在F_1熔断时,由于短路电流大,使$\mathrm{d}i/\mathrm{d}t$也很大,在AB两点的等效电感上产生的感应电势$E=L\mathrm{d}i/\mathrm{d}t$,会形成很大尖峰,因此AO之间的电压将首先降到接近于0,而后产生一个尖峰高电压,其波形如图4-12(b)所示。这些都会对接在同一汇流排上的其他通信设备产生影响。

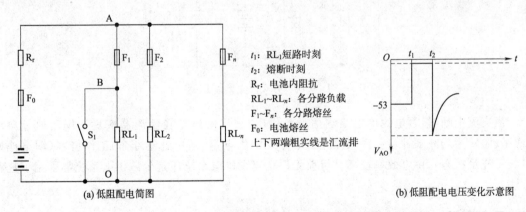

t₁: RL₁短路时刻
t₂: 熔断时刻
R_r: 电池内阻抗
RL₁~RL_n: 各分路负载
F₁~F_n: 各分路熔丝
F₀: 电池熔丝
上下两端粗实线是汇流排

(a) 低阻配电简图

(b) 低阻配电电压变化示意图

图4-12　低阻配电简图及电压变化示意图

图4-13(a)是在低阻配电系统基础上发展起来的高阻配电系统原理图。可以选择相对线径细一些的配电导线,相当于在各分路中接入有一定阻值的限流电阻R_1,一般取值为电池内阻的5～10倍。这时如果某一分路发生短路,则系统电压的变化——电压跌落及反冲尖峰电压都很小,这是因为R_1限制了短路电流及感应电势$E=L\mathrm{d}i\mathrm{d}t$也减少的原因,图4-13(b)是AO电压变化示意图。R_1与电池内阻R_r合适的选配,可使AO电压变化在电源系统允差范围内,使系统其他负载不受影响而正常工作。换而言之,达到了等效隔离的作用。

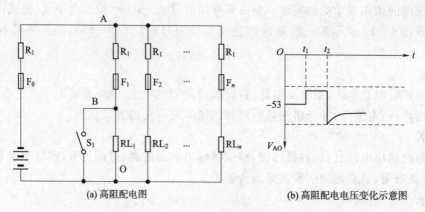

(a) 高阻配电图   (b) 高阻配电电压变化示意图

图 4—13   高阻配电及电压变化示意图

高阻配电也有一些问题:一是由于回路中串联电阻会导致电池放电,放电时不允许放到常规终止电压,否则负载电压太低;二是串联电阻上的损耗,一般为 2%～4%。

在直流供电系统中,无论是采用集中供电方式还是分散供电方式,直流配电设备都是直流供电系统的枢纽,它负责汇接直流电源与对应的直流负载,通过简单的操作完成直流电能的分配,输出电压的调整及工作方式的转换等,其目的既要保证负载要求,又要保证蓄电池能获得补充电流。

并联浮充供电方式的原理如图 4—14 所示。整流器与蓄电池并联后对通信设备供电,在交流电正常情况下,整流器一方面给通信设备供电,另一方面又给蓄电池补充充电,以补充蓄电池因自放电而失去的电量。在并联浮充工作状态下,蓄电池还能起一定的滤波作用。

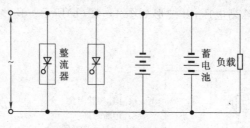

图 4—14   并联浮充供电方式

当交流中断时,蓄电池单独给通信设备供电,放出的电量在整流器恢复工作后通过自动(或手动)转为均充来补足。并联浮充供电方式的优点是:延长电池寿命、工作可靠(因电池始终处于充足状态)、供电效率较高。目前无论是集中供电系统还是分散供电系统都采用了这种方法。

四、直流配电单元工作原理

直流配电单元原理图如图 4—15 所示。直流配电单元的正负母排分别与整流模块输出的正负极相连,同时它还可以接入两组电池 BAT1、BAT2。电池通过熔断器、接触器及分流器接入负母排。分流器 FL1、FL2、FL3 分别检测电池 Ⅰ、电池 Ⅱ 电流及负载的总电流,接触器 J1、J2、J3 由直流下电板 B64C2C1 及监控模块来控制,实现电池及负载的自动切断及接入功能。ZK8、ZK9、…、ZK15、RD1、RD2、…、RD5 的通断信号,FL1、FL2、FL3 的电流信号经信号转接板送入监控单元。

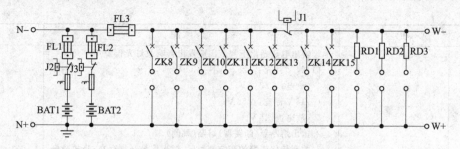

图 4—15　直流配电单元工作原理图

　　对应小容量的供电系统，比如分散供电系统，通常交流配电、直流配电和整流、监控等组成一个完整、独立的供电系统，集成安装在一个机柜内。

　　相对大容量的直流供电系统，一般单独设置直流配电屏以满足各种负载供电的需要。图 4—16 是一个独立的直流配电屏原理框图。

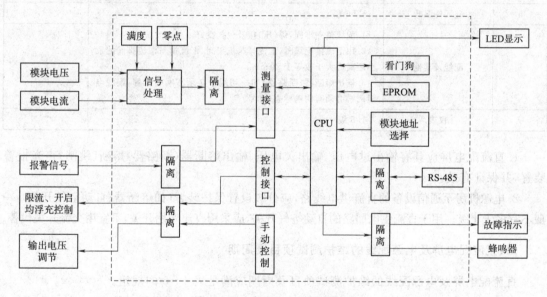

图 4—16　直流配电屏原理框图

第七节　直流配电屏的维护

一、直流配电屏的维修质量标准

直流配电屏的维修质量标准应满足表 4—4 的规定。

表 4—4　直流配电屏的维修质量标准

序　号	项　目	标　准	备　注
1	性能	1.能同时接入两组蓄电池。 2.能接入两台以上整流器。 3.能满足两组蓄电池并组均充、浮充及放电。 4.操作时，必须保证不中断供电	
2	熔断器或断路器容量	1.总容量应为分容量的 2 倍。 2.分容量应为负载电流的 1.5 倍	

续上表

序 号	项 目	标 准		备 注
3	告警	1.输出电压超出下列范围应发出音响及灯光告警: (1)24 V 浮充:≥25.5 V; 　　　放电:≤22.8 V。 (2)48 V 浮充:≥56 V; 　　　放电:≤48 V。 2.输出熔断器(断路器)熔断(跳闸)。 3.关断任何告警的音响信号后,灯光信号必须存在;当故障恢复后,应再次发出音响信号		
4	馈电线的最大允许压降	24 V	1.硅元件调压方式:≤0.8 V。 2.尾电池调压方式:≤1.2 V	
		48 V	≤3 V	
		60 V	1.硅元件调压方式:≤1.2 V。 2.尾电池调压方式:≤1.6 V	
5	硅元件温升	≤56 ℃		
6	配线及其他	1.配线整齐牢固,焊(压)接及包扎良好。 2.用汇流排配线时,汇流排与机架间、汇流排与汇流排间的最小距离应大于或等于 20 mm。 3.输出熔断器(断路器)和一切端子必须有明确标牌,配线电缆两端必须有明确标志(标号)		
7	仪表	1.5 级		

1.直流配电屏应具有输出过电压、输出欠电压、输出熔断器(断路器)熔断(跳闸)声光报警装置,并保证有效。

2.电源机房至通信设备的直流供电线路,应分级设置保护装置(如熔断器、自动空气开关),一般不宜多于 4 级。用于直流供电回路的自动空气开关,应采用直流专用开关,不宜用交流开关代替。

二、直流配电屏及电源配线的维护测试项目及周期

直流配电屏及电源配线的维护测试项目及周期应满足表 4—5 的规定。

表 4—5　直流配电屏及电源配线的维护测试项目及周期

序 号	类 别	项目与内容	周 期	备 注
1	日常维护	1.表面清扫检查。 2.标签核对检查	季	
2	集中检修	1.负荷电流测试及熔丝容量检查。 2.直流馈电线压降测试。 3.工作地线检查及接地电阻测量。 4.配线强度检查。 5.仪表检查校对	年	
3	重点整修	1.更换熔断器、断路器。 2.电缆架(沟)及电源线清扫检查整理。 3.更换老化配线。 4.更换配电线路。 5.仪表修理。 6.其他重点整修项目	根据需要	

三、直流供电系统维护项目

1. 杂音指标

检测标准：衡重杂音：不大于 2 mV；峰—峰值杂音：不大于 200 mV。

检测工具：杂音计、示波器。

检测方法：杂音测量时要求将电池与电源设备分离，但为了供电安全，现场操作不容许断开电池，只有在局站通信质量较差，认为电源设备供电质量不合要求时做杂音指标检测。衡重杂音，用杂音计测量，由正负母排输入。杂音计置"电话杂音"测量档。峰—峰值杂音，示波器测量。测试方法参见《设备使用说明书》。

2. 耐压测试（停机大修时测试本项目）

检测标准：电源设备的输入对机壳、输出对机壳、输入对输出等之间的绝缘电阻与强度，标准：绝缘电阻，加压直流 500 V 测得电阻大于 10 MΩ；绝缘强度，交直流输入输出之间施加电压 2 000 V/50 Hz 持续 1 min 无击穿且漏电流小于 30 mA，直流输出对地之间施加电压 500 V/50 Hz 持续 1 min 无击穿且漏电流小于 30 mA。

检测工具：兆欧表，耐压测试仪。

测试方法：耐压测试仅在电源设备发生过耐压不足类型故障时做检测，如机壳放电、交流侧故障造成直流侧损坏。耐压测试时要将防雷器、模块内去耦电容等元器件分离后操作，具体测试方法参考《测试设备使用说明书》。

3. 内部连接

检测标准：插座连接良好；电缆布线与固定良好；无电缆被金属件挤压变形；连接电缆无局部过热和老化现象。

4. 风道与积尘

检测标准：模块风扇风道、滤尘网、机柜风道等无遮挡物、无灰尘累积。

检测工具：毛刷、皮老虎等。

检测方法：对风道挡板、风扇、滤尘网等进行拆卸清扫、清洗，凉干后装回原位。

5. 直流电缆

检测标准：线路设计时确定的容许压降，一般低于 0.5 V（低阻配电）。

检测方法：记录电缆上流过的最大电流，从设计资料上查阅电缆线径、布线长度，计算线路压降，核对线路压降是否符合设计要求。

6. 直流断路器配置

检测标准：直流熔断器的额定电流值应不大于最大负载电流的 2 倍。各专业机房熔断器的额定电流应不大于最大负载电流的 1.5 倍。

检测方法：根据各负载最大电流记录来检查断路器的匹配性。

7. 节点压降与温升

检测标准：1 000 A 以下，每百安培小于或等于 5 mV；1 000 A 以上，每百安培小于或等于 3 mV；节点温升不超过 40 ℃。

检测工具：万用表、点温计。

检测方法：用万用表检查节点两端电缆或母线之间的压降，根据流过节点的电流核算节点压降的合理性；用点温计测量节点温升，测量结果必须满足温升限制和压降限制双重标准。

本章小结

1. 线性电源、相控电源、开关电源的基本原理、组成结构和特点。

2. 开关电源的控制方式分为脉宽调制(PWM)和脉冲频率调制(PFM)两种。

3. 高频开关整流器作为通信电源系统的核心,其优点可归纳为重量轻、体积小;节能高效;功率因数高;稳压精度高、可闻噪音低;维护简单、扩容方便;智能化程度较高。

4. 高频开关整流器由主电路和控制电路、检测电路、辅助电源组成,其中主电路是功率输送的主要电路,分为交流输入滤波、整流滤波、功率因数校正、逆变、输出整流滤波等电路。

5. 在高频开关整流器中,功率因数校正的基本方法有两种:无源功率因数校正和有源功率因数校正。无源功率因数校正法简单,但效果不很理想,因此,目前用得较多的是有源功率因数校正。有源功率因数校正目的在于减小输入电流谐波,而且使输入电流与输入电网电压几乎同相为正弦波,从而大大提高功率因数。

6. 高频开关整流器中主要的滤波电路有:输入滤波、工频滤波和输出滤波。

7. 高频开关整流器处于市电电网和通信设备之间,它与市电电网和通信设备都有着双向的电磁干扰,为了抑制这些噪声对自身和外界的影响,一般采用滤波、屏蔽、接地、合理布局、选择电磁兼容性能更好的元件和电路等来达到电磁兼容性的要求。

8. 通信用高频开关电源系统由交流配电单元、直流配电单元、整流模块和监控模块组成,其中监控模块起着协调管理其他单元模块和对外通信的作用,日常对开关电源系统的维护操作主要集中在对监控模块菜单的操作上。

9. 开关电源的故障多种多样,可分为正常告警类故障、非正常告警类故障、功能丧失类不告警故障、性能不良不告警故障,应根据系统的实际情况,作出不同的检修流程图,加以分析判断。

10. 直流电源供电方式主要分为集中供电方式和分散供电方式两种。分散供电方式具有靠性高、经济效益好、承受故障能力强、电源设备配置合理等优点,同时应注意要求使用阀控密封电池并考虑楼板的承受力。

11. 直流供电系统的配电方式有低阻配电和高阻配电。

12. 低阻配电的汇流排电阻小,相应线路损耗和线路压降小,但当某一负载发生短路事故后,可能使得直流总输出电压发生瞬间的跳变,从而影响其他负载的正常工作甚至损坏。

13. 高阻配电选择线径较细的配电导线,相当于在各分路中接入有一定阻值的限流电阻,克服了低阻配电负载发生短路事故后影响面大的缺点,达到了等效隔离的作用,在实际使用中,高阻配电应注意蓄电池放电终止,电压应稍高于常规电压。

14. 并联浮充供电方式是目前普遍采用的一种方式,前提是供电负载是宽电压负载。

15. 直流配电屏除了具有直流汇接和分配的作用以外,通常还具有测量、告警和保护等功能。

16. 对应小容量的供电系统,通常将交流配电、直流配电、整流和监控等组成一个完整、独立的供电系统,集成安装在一个机柜内。相对大容量的直流供电系统,一般单独设置直流配电屏。

复习思考题

1. 相控、线性、开关电源的稳压原理有哪些差别？

2. 线性电源由哪四个部分构成？

3. 开关电源和线性电源相比各有什么优缺点？各适用于什么情况？

4. 开关电源和相控电源相比，有什么优点？出现这些差别的根本原因是什么？

5. 如果整流模块的风扇损坏，将可能出现什么现象？

6. 高频开关整流器的特点有哪些？

7. 高频开关整流器的各种技术在不断改进和完善之中，你所了解的目前国内外在这个领域的研究动态是怎样的？

8. 画出高频开关整流器方框图，并说明主电路各部分的作用。

9. 高频开关整流器变压器体积较小的原理是什么？

10. 时间比例控制的含义是什么？具体方式有哪几种？

11. 写出全功率因数 PF 定义公式，说明高频开关整流器采用功率因数校准电路的原因和功率因数校准电路的基本思想。

12. 高频开关整流器中主要的滤波电路有哪些？它们的作用和大致位置在哪里？

13. 开关整流器的电磁兼容性内容主要可归纳为哪些？

14. 开关电源系统由哪几种模块单元组成？

15. 监控单元操作菜单中告警参数的设定常见的内容有哪些？

16. 描述市电中断之后开关电源系统对蓄电池均充的策略。

17. 什么是开关电源系统的功能丧失类不告警故障？举例说明。

18. 什么是集中供电方式？

19. 什么是分散供电方式？为什么它将逐步取代集中供电方式？

20. 简述高阻配电的优点及注意事项。

21. 简述直流配电的作用和功能。

22. 为什么大容量直流系统需单独配置直流配电屏？

第五章

电池产品技术及维护

电池是保障通信设备不间断供电的核心设备,通信设备对供电质量的要求决定了对电池设备的要求,首先是使用寿命要长,从投资经济性考虑,电池的使用寿命必须与通信设备的更新周期相匹配,即 10 年左右。电池的使用寿命与电池工作环境及循环充放电的频次有关,充放电频率越高,电池使用寿命越短,其次是安全性要高,电池电解质为硫酸溶液,具有强腐蚀性。另外,对于密封电池,电池的电化学过程会产生气体,增加电池内部压力,压力超过一定限度时会造成电池爆裂,释放出有毒、腐蚀性气体、液体,因此电池必须具备优秀的安全防爆性能。一般密闭电池都设有安全阀和防酸片,自动调节蓄电池内压,防酸片具有阻液和防爆功能,另外电池还必须具备安装方便、免维护、低内阻等特性。

第一节 阀控式密封铅酸蓄电池

一、电池的作用

正常情况下,蓄电池与整流设备组合为直流浮充供电系统,主要起以下作用:

1. 平滑滤波:在市电正常时,虽然蓄电池不担负向通信设备供电的主要任务,但它与供电主要设备整流器并联运行,能改善整流器的供电质量。因为蓄电池内阻只有数十毫欧姆,远小于通信负荷电阻,对低次谐波电流呈现极小阻抗,如图 5-1(a)所示。

2. 荷电备用(包括直流供电系统和 UPS 系统):当市电异常或在整流器不工作的情况下,由蓄电池单独供电,担负起对全部负载供电的任务,起到备用作用,如图 5-1(b)所示。

3. 在 UPS 系统中作后备电源:在正常情况下,负载由市电供应,同时将市电整流并对蓄电池补足电量。当市电中断时,逆变器利用蓄电池的储能,不间断地将直流电变为与市电同相位的交流电源。

4. 在动力设备中作启动电源:是汽油或柴油发电机组的操作电源,启动过程具有极短的时间及大功率输出的特点,并在低温环境下也能确保大电流放电。

二、阀控式铅酸蓄电池的分类

阀控式铅酸蓄电池(Valve Regulated Lead Battery,VRLA)的优良性能,来源于其针对普通铅酸蓄电池的特点,从组成物质的性质、结构、工艺等方面,采用一系列新材料、新技术及可行措施而达到。

蓄电池的类别按不同用途和外形结构分有固定式和移动式两大类。固定型铅蓄电池按电池槽结构又分为半密封式及密封式。

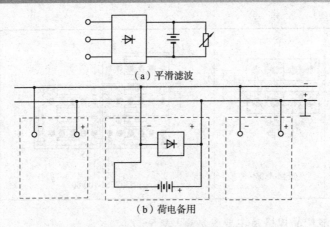

（a）平滑滤波

（b）荷电备用

图 5-1　蓄电池在通信电源系统中的作用

按极板结构分为:涂膏式(或涂浆式)、化成式(又称形成式)、半化成式(或半形成式)和玻璃丝管式(或叫管式)等。

按电解液的不同分为:酸性蓄电池和碱性蓄电池。酸性蓄电池,以酸性水溶液作电解质;碱性蓄电池,以碱性水溶液作电解质。

按电解液数量可将铅酸电池分为贫液式和富液式。密封式电池均为贫液式,半密封池均为富液式。

阀控式铅酸蓄电池的型号识别举例如下:

GFM-1000 型

1000 型——额定容量为 1 000 A·h;

M——密封型;

F——阀控式;

G——固定型。

三、电池规格及结构参数(GFM 系列)

1. 电池外形及装配尺寸

C_{10} 含义:电池放电 10 h 释放的容量,单位为 A·h,见表 5-1。

表 5-1　蓄电池外形及装配尺寸

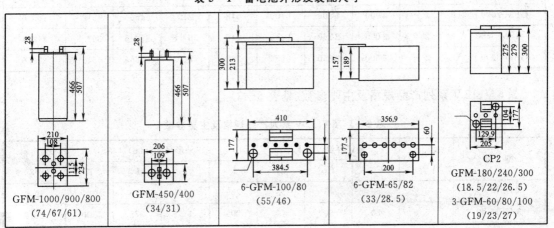

GFM-1000/900/800 (74/67/61)	GFM-450/400 (34/31)	6-GFM-100/80 (55/46)	6-GFM-65/82 (33/28.5)	CP2 GFM-180/240/300 (18.5/22/26.5) 3-GFM-60/80/100 (19/23/27)

续上表

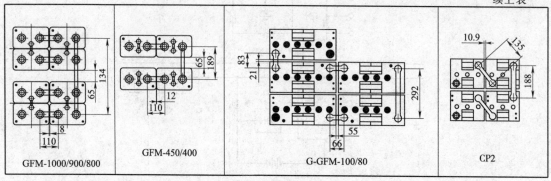

2.2 V 系列电池产品规格及主要参数(见表 5－2)

表 5－2　2 V 系列产品规格及主要参数

型　号	标称电压（V）	额定容量(A·h)			外形尺寸(mm)				重　量（kg）
		C_{10}	C_3	C_1	L	b	h	H	
GFM-200	2	200	150	110	116.8	177.6	367	394	17.3
GFM-200 I	2	200	150	110	205	177	275	300	19.0
GFM-300	2	300	225	165	164.2	177.6	367	394	24.5
GFM-300 I	2	300	225	165	205	177	275	300	26.5
GFM-400	2	400	300	220	164.2	177.6	367	394	28.3
GFM-400 I	2	400	300	220	282	177	275	300	35.5
GFM-500	2	500	375	275	213.6	179.6	368	395	42.1
GFM-500 I	2	500	375	275	124	206	466	512	34.5
GFM-650	2	650	487.5	357.5	261	179.6	368	395	48.8
GFM-650 I	2	650	487.5	357.5	206	166	466	512	49.0
GFM-800	2	800	600	440	309.4	180.6	368.5	395.5	56.6
GFM-800 I	2	800	600	440	210	254	466	512	61.0
GFM-1000	2	1 000	750	550	417.6	181.6	369	396	75.2
GFM-1000 I	2	1 000	750	550	210	254	466	512	74.0
GFM-2000	2	2 000	1 500	1 100	425	356.8	370	397	163.1
GFM-2000 I	2	2 000	1 500	1 100	518	210	466	512	155.0
GFM-3000	2	3 000	2 250	1 650	740	357.8	370.5	397.5	242.5
GFM-3000 I	2	3 000	2 250	1 650	782	210	466	512	230.0

3.6 V、12 V 系列产品规格及主要参数(见表 5－3)

表 5－3　6 V、12 V 系列产品规格及主要参数

型　号	标称电压（V）	额定容量(A·h)			外形尺寸(mm)				重　量（kg）
		C_{10}	C_3	C_1	L	b	h	H	
3-GFM-60	6	60	45	33	205	177	275	300	19.0
3-GFM-80	6	80	60	44	205	177	275	300	23.0

续上表

型 号	标称电压(V)	额定容量(A·h)			外形尺寸(mm)				重 量(kg)
		C_{10}	C_3	C_1	L	b	h	H	
3-GFM-100	6	100	75	55	205	177	275	300	27.0
6-GFM-50	12	50	37.5	27.5	357	178	189	221	28.0
6-GFM-65	12	65	49	36	357	178	189	221	33.0
6-GFM-80	12	80	60	44	357	177	275	300	46.0
6-GFM-100	12	100	75	55	400	177	275	300	54.0

第二节 蓄电池结构及工作原理

一、阀控蓄电池的结构图

阀控式铅酸蓄电池的结构如图 5-2 所示。其主要组成为正负极板组、隔板、电解液、安全阀及壳体,此外还有一些零件如端子、连接条、极柱等。

1. 正负极板组

正极板上的活性物质是二氧化铅(PbO_2),负极板上的活性物质为海绵状纯铅(Pb),参加电池反应的活性物质铅和二氧化铅是疏松的多孔体,需要固定在载体上。通常,用铅或铅钙合金制成的栅栏片状物为载体,使活性物质固定在其中,这种物体称之为板栅,它的作用是支撑活性物质并传输电流。

阀控式铅酸蓄电池(VRLA)的极板大多为涂膏式,这种极板是在板栅上敷涂由活性物质和添加剂制成的铅膏,经过固化、化成等工艺过程而制成。

2. 隔板

阀控式铅酸蓄电池中的隔板材料普遍采用超细玻璃纤维。隔板在蓄电池中是一个酸液储存器,电解液大部分被吸附在其中,并被均匀地、迅速地分布,而且可以压缩,并在湿态和干态条件下都保持着弹性,以保持导电和适当支撑活性物质的作用。为了使电池有良好的工作特性,隔板还必须与极板保持紧密接触。它的主要作用有:

(1)吸收电解液。

(2)提供正极析出的氧气向负极扩散的通道。

(3)防止正、负极短路。

3. 电解液

铅蓄电池的电解液是用纯净的浓硫酸与纯水配置而成,它与正极和负极上活性物质进行反应,实现化学能和电能之间的转换。

4. 安全阀

一种自动开启和关闭的排气阀,具有单向性,内有防酸雾垫。只允许电池内气压超过一定值时,释放出多余气体后自动关闭,保持电池内部压力在最佳范围内,同时不允许空气中的气体进入电池内,以免造成自放电。

5. 壳体

蓄电池的外壳是盛装极板群、隔板和电解液的容器。它的材料应满足耐酸腐蚀,抗氧化,机械强度好,硬度大,水汽蒸发泄漏小,氧气扩散渗透小等要求。一般采用改良型塑料,如 PP、

PVC 或 ABS 等材料。

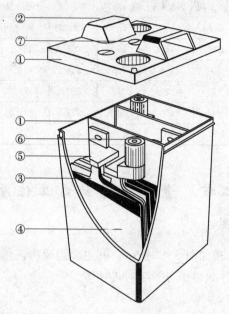

图 5—2　蓄电池结构图

1 电池槽、盖——选用超强阻燃 ABS 塑料；2 提手——便于搬运；3 正负极群——板栅采用特殊的
铅钙锡铝四元合金，抗伸延，耐腐蚀，析氢过电位高；4 微细玻璃纤维隔板——优选超细玻璃纤
维；5 汇流排——耐大电流冲击；6 端子——内嵌铜芯，使其阻最小化，极柱密封采用瑞士专利
技术；7 安全阀——具有耐酸和良好的弹性恢复能力。

二、阀控蓄电池的工作原理

阀控蓄电池正极板上的活性物质是二氧化铅（PbO_2），负极板上的活性物质为纯铅（Pb），电解液由蒸馏水和纯硫酸按一定的比例配制而成。因为正负极板上的活性物质的性质是不同的，当两种极板放置在同一硫酸溶液中时，各自发生不同的化学反应而产生不同的电极电位。

在电池内部，正极和负极通过电解质构成电池的内电路；在电池外部、接通两极导线和负载构成电池的外部电路。

1. 阀控蓄电池的化学反应原理

阀控蓄电池的化学反应原理就是充电时将电能转化成化学能并在电池内储存起来，放电时将化学能转化成电能供给外系统。其充电和放电过程是通过化学反应完成的。

（1）放电过程的化学反应

$$PbO_2 + 2H_2SO_4 + Pb = PbSO_4 + 2H_2O + PbSO_4$$

正极　　硫酸　负极　　正极　　水　　负极

从上式可以看出，蓄电池在放电过程中，正、负极板上的活性物质都不断转变为硫酸铅（$PbSO_4$）。由于硫酸铅的导电性能比较差，所以放电以后，蓄电池的内阻增加。此外，在放电过程中，正极板的二氧化铅和负极板的海绵状铅与电解液中的硫酸反应，生成硫酸铅，电解液中的硫酸浓度降低；由于电解液中的硫酸（H_2SO_4）逐渐变成水（H_2O），所以电解液的比重逐渐下降,电动势逐渐降低。至放电终了时,蓄电池的端电压下降到 1.8 V 左右。蓄电池的内部电流是离子流,其方向和正离子($2H^+$)移动的方向一致。

(2)充电过程的化学反应

$$PbSO_4 + 2H_2O + PbSO_4 = PbO_2 + 2H_2SO_4 + Pb$$

正极　　水　　负极　　正极　　硫酸　　负极

从上式可以看出,充电过程中,正极板上的硫酸铅($PbSO_4$)逐渐变为二氧化铅(PbO_2)。负极板上的硫酸铅逐渐变为海绵状铅(Pb)。同时,电解液中的硫酸分子逐渐增加,水分子逐渐减少,因此,电解液的比重逐渐增加,蓄电池的电动势也逐渐增加。充电过程后期,极板上的活性物质大部分已经还原,如果再继续大电流充电,充电电流只能起分解水的作用。这时,负极板上将有大量的氢气(H_2)逸出,正极板上将有大量氧气(O_2)逸出,蓄电池产生剧烈的冒气。不仅要消耗大量电能,而且由于冒气过甚,会使极板活性物质受冲击而脱落。所以应避免充电终期电流过大,防止因过充电导致水分解而引起电解液的减少,要实现电池的密封。电池密闭设计解决的关键问题是实现充电过程产生的氧气能够迅速与负极板上充电状态下的活物质发生反应变成水,结果基本没有水分的损失。

铅蓄电池的工作(即充电和放电)原理,可以用"双硫酸化理论"来说明。双硫酸化理论的含义是:铅蓄电池在放电时,两极活性物质与硫酸溶液发生作用都成硫酸化合物——硫酸铅($PbSO_4$);而充电时,两个电极上的:$PbSO_4$ 又分别恢复为原来的物质铅(Pb)和二氧化铅(PbO_2),而且这种转化过程是可逆的。其总的化学化应方程式为:

(正极)　　　(电解液)　　(负极)　　　(正极)　　(电解液)　　(负极)

$$PbO_2 + 2H_2SO_4 + Pb \underset{充电}{\overset{放电}{\rightleftharpoons}} PbSO_4 + 2H_2O + PbSO_4$$

(二氧化铅)　(硫酸)　(海绵状铅)　(硫酸铅)　　(水)　　(硫酸铅)

正极活物质　电解液　负极活物质　正极活物质　电解液　负极活物质

这样的放电与充电循环进行,可以重复多次,直到铅蓄电池寿命终结为止。

2. 阀控蓄电池的氧循环原理

对于早期的传统式铅酸蓄电池,由于充电过程中,氢、氧气体从电池内部逸出,不能进行气体的再复合,需经常加酸加水进行维护。而阀控式铅酸蓄电池,能在电池内部对氧气进行再复合利用,同时抑制了氢气的析出,克服了传统式铅酸蓄电池的主要缺点。

阀控式铅酸蓄电池采用负极活性物质过量设计,正极在充电后期产生的氧气通过隔板(超细玻璃纤维)空隙扩散到负极,与负极海绵状铅发生反应变成水,使负极处于去极化状态或充电不足状态,达不到析氢过电位,所以负极不会由于充电而析出氢气,电池失水量很小,故使用期间不需加酸加水维护。

在阀控式铅酸蓄电池中,负极起着双重作用,即在充电末期或过充电时,一方面极板中的海绵状铅与正极产生的氧气(O_2)反应而被氧化成一氧化铅(PbO),另一方面是极板中的硫酸铅($PbSO_4$)又要接受外电路传输来的电子进行还原反应,由硫酸铅反应成海绵状铅(Pb)。

阀控蓄电池的氧循环原理就是:从正极周围析出的氧气,通过电池内循环,扩散到负极被吸收,变为固体氧化铅之后,又化合为液态的水,经历了一次大循环。

第三节 电池技术特性

一、VRLA 蓄电池的电压特性

1. 工作电压

工作电压指电池接通负载后在充放电过程中显示的电压，又称负载电压。在电池放电初始的工作电压称为初始电压。电池放电时，电压下降到不宜继续放电时的最低工作电压，称为终止电压。一般规定铅酸蓄电池 10 小时率的放电终止电压为 1.80 V，3 小时率和 1 小时率为 1.75 V。

2. 浮充电压

在通信局（站）直流电源系统中，蓄电池采用全浮充工作方式。

在市电正常时，蓄电池与整流器并联运行，蓄电池自放电引起的容量损失便在全浮充过程被补足，这时，蓄电池组起平滑滤波作用。因为电池组对交流成分有旁路作用，从而保证了负载设备对电压的要求。在市电中断或整流器发生故障时，由蓄电池单独向负载供电，以确保通信不中断。一般说电池组平时并不放电，负载的电流全部由整流器供给。

在全浮充工作方式下的蓄电池，充放电循环次数少，自放电和浅放电后的电量能迅速补足，所以正负极活性物质利用率转化次数少，使用寿命长。

浮充使用时蓄电池的充电电压必须保持一个恒定值，在该电压下，充放电量应足以补偿蓄电池由于自放电而损失的电量及氧循环的需要，保证在相对较短的时间内使放过电的蓄电池充足电，这样就可以使蓄电池长期处于充足电状态。同时，该电压的选择应使蓄电池因过充电而造成损坏达到最低程度，此电压称为浮充电压。

(1) 选择浮充电压的原则

各种类型的 VRLA 蓄电池的浮充电压不尽相同，在理论上要求浮充电压产生的电流是以达到补偿自放电量及蓄电池单放电电量和维持氧循环的需要。实际上还应考虑下列因素：

① 电池的结构状态。

② 正极板栅的腐蚀速率。

③ 电池内气体的排放。

④ 通信设备对浮充系统基础电压的要求。

根据浮充电压选择原则与各种因素对浮充电压的影响，国外一般选择稍高的浮充电压，范围可为 2.25～2.35 V，国内稍低，2.23～2.27 V，不同厂家对浮充电压的具体规定不一样。一般对浮充电压的规定为 2.25 V/单体（环境温度为 25 ℃情况下），根据环境温度的变化，对浮充电压应作相应调整。

(2) 浮充电流的选择

浮充电流设定的依据：

① 浮充电流应足以补偿每昼夜自放电损失的电量。

② 对于 VRLA 电池而言，应确保维护氧循环所需的电流。

③ 当蓄电池单独放电后，能依靠浮充很快地补足容量，以备下一次放电。

(3) 浮充电压的温度补偿

浮充充电与环境温度有密切关系。通常浮充电压是指环境 25 ℃而言，所以当环境温度变化时，为使浮充电流保持不变，需按温度系数进行补偿，即调整浮充电压。在同一浮充电压下，浮充电流随温度升高而增大。若进行温度换算可得出:环境温度自 25 ℃升或降 1 ℃,每个电池端压随之减或增 3～4 mV,方可保持浮充电流不变。不同厂家电池的温度补偿系数不一样,在设置充电机电池参数时,应根据说明书上的规定设置温度系数,如果说明书没有写明,应向电池生产厂家咨询确定。

在各相同类型结构的阀控式密封铅蓄电池中,浮充电流随浮充电压增大而增加,随温度升高而增加。

(4)通信设备对全浮充制电压的要求

标称电压:指正极接地的全浮充供电系统(48 V)额定电压。

允许电压范围:上限或下限值是指程控交换机上各类电源插板(DC/DC 变换,DC/AC 逆变),所能容忍的最大或最小的输入电压。上限值设定是以蓄电池全放电后,恢复充电的端电压而设定,这个值有的取 2.23～2.35 V/只;下限值设定是依据该供电系统不需设置调压设备,仅以选取容量较大的电池,供电至规定的电压值。

综上所述,在通信供电系统中,VRLA 蓄电池浮充电压选择必须考虑上述诸种因素。与常规铅酸蓄电池相比,其电压变化或温度变化所引起电流变化的敏感性很大,所以必须慎重选择 VRLA 蓄电池的浮充电压。

二、VRLA 蓄电池的充电特性

1. 充电方法

VRLA 蓄电池在使用过程中,按照不同的具体情况,有以下三种充电方法:

(1)浮充充电

当整流器在浮充过程中中断工作后,VRLA 蓄电池单独向负荷供电。当整流器恢复工作后以 $0.1C_{10}$ 的恒压限流对电池组充电,当整流器输出电压升高至浮充电压设定值后,进入浮充状态,使蓄电池内电流按指数规律衰减至浮充电流值时为充足。

(2)快速充电

在某种情况下,要求电池尽快充足电,可采用快速充电,最大充电电流(单位为 A,下同)小于或等于 $0.2C_{10}$,充电电流过大会使电池鼓胀,并影响电池使用寿命。

(3)均衡充电

蓄电池在使用过程中,有时会产生比重、端电压等不均衡情况,为防止这种不均衡扩展成为故障电池,所以要定期履行均衡充电。合适的均充电压和均充频率是保证电池长寿命的基础,对阀控铅酸蓄电池平时不建议均充,因为均充可能造成电池失水而早期失效。除此之外,凡遇下列情况也需进行均衡充电:一是单独向通信负荷供电 15 min 以上,二是电池深放电后容量不足。

均衡充电时时间不宜过长,因为均衡充电电压已属高压,若充电时间过长,不仅使 VRLA 电池内盈余气体增多,影响氧再化合速率,而且使板栅腐蚀速度增加,从而损坏电池。当均衡充电的电流减小至连续 3 h 不变时,必须立即转入浮充电状态,否则,将会严重过充电而影响电池的使用寿命。

通信用蓄电池的充电方式主要是浮充充电和均衡充电两种方式。为了延长阀控电池的使用寿命,必须了解不同充电方式的充电特点和充电要求,严格按照要求对蓄电池进行充电。

2. 铅酸蓄电池的充电特性

VRLA 电池在放电后应及时充电,充电时必须认真选择以下 3 个参数:恒压充电电压、初始电流、充电时间。不同蓄电池的充电电压值由制造厂家规定,充电电压和充电方法随电池用途不同而不同。电池放电后的充电推荐恒压限流方法,即充电电压取 U(厂家定),限流值取 $0.1C_{10}$,充入电量为上次放电电量的 $1.1\sim1.2$ 倍即可。

浮充充电应解决的两个问题:

(1)补偿电池内部自放电而产生的容量损失。

(2)避免过充造成电池寿命的缩短。

3. 充电特性图

蓄电池放电后的回复充电也可以采用浮动充电方法。图 5-3 是按 10 小时率额定容量 50% 及 100% 放电后的定电流($0.1C_{10}$ A)定电压(2.23 V)充电特性图。放电后的蓄电池充满电所需时间随放电量、充电初期电流、温度而变化。图中 100% 放电后的电池在 25 ℃时以 $0.1C_{10}$、2.23 V/单格进行限流恒压充电,24 h 左右可以充电至放电量 100% 以上。

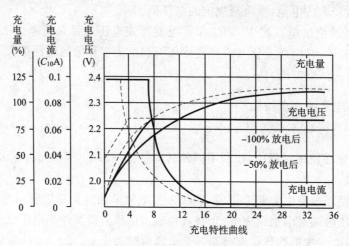

图 5-3　充电特性图

三、铅酸蓄电池的放电特性

铅酸蓄电池投入运行,是对实际负荷的放电,其放电速率随负荷的需要而定。为了分析长期使用后电池的损坏程度或估算市电停电期间电池的持续时间,需测试其容量。推断电池容量的放电的方法,应从如下几个方面考虑:一是放电量,即全部放电还是部分放电;二是放电速率,即以 10 小时率还是以高放电或是低放电率放电为标准。

放电速率不同,放电终止电压也不相同,放电速率越高,放电终止电压越低。

温度对电池放出的容量也有较大影响,通常环境温度越低,放电速率越大,电池放出的容量就小。放电容量与放电电流关系:放电电流越小放电容量越大;反之,放电电流越大放电容量越小。放电容量与温度关系:温度降低,放电容量减少。

1. 放电特性图

图 5-4 为 25 ℃下 $0.1C_{10}\sim2.0C_{10}$ 的放电电流放电至终止电压时的定电流放电特性图。可以看出,10 小时率、3 小时率、1 小时率的放电特性均较为理想。

2. 放电容量与环境温度的关系图(如图 5-5 所示)

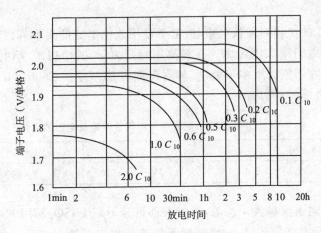

图 5—4　放电特性图

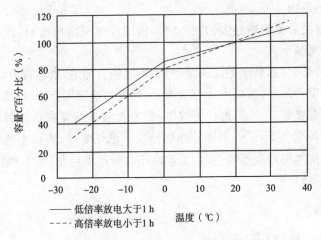

—— 低倍率放电大于1 h
---- 高倍率放电小于1 h

图 5—5　放电容量与环境温度的关系图

四、蓄电池贮存环境温度、贮存时间与容量关系

1. VRLA 蓄电池的容量

(1)电池容量的分类

电池容量是电池贮存电量多少的标志,有理论容量、额定容量、实际容量之分。

理论容量是假设活性物质全部反应放出的电量。

额定容量是指制造电池时,规定电池在一定放电率条件下,应放出的最低限度的电量。固定型铅酸蓄电池规定在 25 ℃环境下,以 10 小时率电流放电至终止电压所能达到的容量叫额定容量,用符号 C_{10} 表示。10 小时率的放电电流值为 $i_{10}=C_{10}/10$。

实际容量是指在特定的放电电流,电解液温度和放电终了电压等条件下,蓄电池实际放出的电量,它不是一个恒定的常数。阀控铅蓄电池规定的工作条件一般为:10 小时率电流放电,电池温度为 25 ℃,放电终了电压为 1.8 V。

(2)影响实际容量的因素

使用过程中影响容量的主要因素有:放电率、放电温度、电解液浓度和终止电压等。

①放电率的影响

放电至终了电压的快慢叫做放电率,放电率可用放电电流的大小或放电到终了电压的时间长短来表示,分为时间率和电流率。一般都用时间表示,其中以 10 小时率为正常放电率。对于一只给定电池,在不同放电率下放电,将有不同容量。表 5—4 为一块 GFM1000 电池在常温下不同放电率放电时的容量。

表 5—4　GFM1000 电池常温下不同放电率放电时的容量

小时率(h)	1	2	3	4	5	8	10	12	20
容量(A·h)	550	656	750	790	850	944	1 000	1 045	1 100

放电率越高,放电电流越大。这时,极板表面迅速形成 $PbSO_4$,而 $PbSO_4$ 的体积比 PbO_2 和 Pb 大,堵塞了多孔电极的孔口,电解液则不能充分供应电极内部反应的需要,电极内部活性物质得不到充分利用,因而高倍率放电时容量降低。

②电解液温度的影响

环境温度对电池的容量影响很大。在一定环境温度范围内放电时,使用容量随温度升高而增加,随温度降低而减小。

电解液在温度较高时,其离子运动速度增加,扩散能力加强,电解液内阻减小,放电时电流通过电池内部,压降损耗减小,所以电池容量增大;当电解液温度下降时,则容量降低。但温度不能过高,若在环境温度超过 40℃条件下放电,则电池容量明显减小。因为正极活性物质结构遭到破坏,若放电转变为 $PbSO_4$,其颗粒间就形成了电气绝缘,所以电池容量反而减小。依据我国标准,阀控式密封铅蓄电池放电时,若温度不是标准温度(25℃),则需将实测电量 C_t 换算成标准温度的实际容量 C_e,即

$$C_e = \frac{C_t}{1 + k(t - 25)}$$

式中　C_t——非标准温度下电池放电量;

　　　t——放电时的环境温度;

　　　k——温度系数。

10 小时率容量试验时,k＝0.006/℃。

3 小时率容量试验时,k＝0.008/℃。

1 小时率容量试验时,k＝0.01/℃。

③电解液浓度的影响

电解液浓度影响电液扩散速度和电池内阻。在实用范围内,电池容量随电解液浓度的增大而提高,但也不可浓度过大,因为浓度高则黏度增加,反而影响电液扩散,降低输出容量。

④终止电压的影响

电池的容量与端电压降低的快慢有密切关系。终止电压是按实际需要确定的,小电流放电时,终止电压要定得高些;大电流放电,终止电压要定得低些。小电流放电时,硫酸铅结晶易在孔眼内部生成,而且结晶较细。由于孔眼率较高,电解液便于内外循环,因此电池的内阻小,电势下降就慢。如果不提高终止电压值,将会造成电池深度过量放电,使极板硫酸化,故而终止电压规定得高些。大电流放电时,扩散速度跟不上,端电压降低很快,容量发挥不出来,因此终止电压应定得低些。另外,电池容量还与电池的新旧程度、局部放电等因素有关。

五、保存特性

充满电的蓄电池如果放置没有使用,也会由于自放电而损失一部分容量。图5-6反映的是蓄电池在不同环境温度下的容量保存情况,环境温度越高、贮存时间越长,蓄电池的容量损失也越大。可以粗略计算,在25℃环境温度下放置时,GFM系列蓄电池每天自放电量在0.1%以下,这是由于特殊配方的铅钙合金蓄电池自放电量可控制到最小程度,约为铅锑合金蓄电池的1/4~1/5。由于温度越高蓄电池自放电越大,长期保存时尽量避免高温场所。剩余容量与开路电压关系图如图5-7所示(充满电的蓄电池贮存一段时间后测量)。长期保存后,有时要经过几次循环充放电,蓄电池才能恢复其容量。

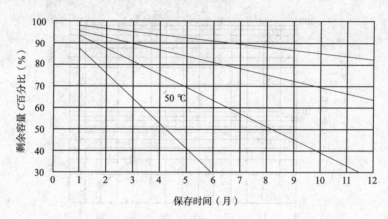

图5-6 保存特性图

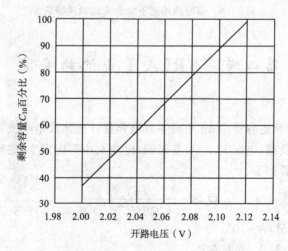

图5-7 剩余容量与开路电压关系图

六、寿命特性

影响蓄电池使用寿命的主要因素:环境温度、放电次数(频度)、放电深度、充电电压(浮充电流)。

1. 板栅腐蚀效应

通常浮充充电时,电池内产生的气体通过氧化合反应被负极板吸收变成水,不会由于电解液的枯竭引起容量丧失。但长期使用时,极板板栅会慢慢被腐蚀,使电池寿命终止。温度越高,腐蚀速度越快,浮充寿命相对缩短;另外,充电电流越大,腐蚀速度越快,所以必须选择合适的充电电压进行浮动充电。浮充充电电压请根据电池说明进行设定,充电器电压精度最好在±2%以内。

2. 环境温度与蓄电池使用寿命关系

图 5-8 为高温条件下的蓄电池加速寿命老化试验曲线图,虚线为外推结果。可以看出,环境温度因素对蓄电池使用寿命的影响是显著的,所以应尽量避免在高温环境下使用蓄电池。一般而言,在通常使用环境下(1 个月的总放电量在额定容量以下,温度 5~30 ℃)GFM 系列蓄电池的使用寿命为 10~15 年。

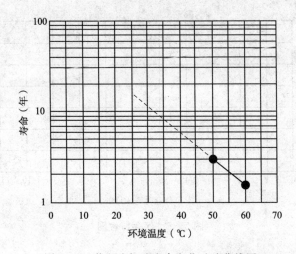

图 5-8　蓄电池加速寿命老化试验曲线图

第四节　VRLA 蓄电池的安装

一、容量的选择

阀控铅酸蓄电池的额定容量是 10 小时率放电容量。电池放电电流过大,则达不到额定容量。因此,应根据设备负载、电压大小、后备时间、电流大小等因素来选择合适容量的电池及满足应用要求的电池,计算如下:

$$Q \geqslant \frac{KiT}{\eta[1+\alpha(t-25)]}$$

式中　Q——蓄电池容量,A·h;

　　　K——安全系数,取 1.25 左右;

　　　i——负荷电流,A;

　　　T——放电小时数,h;

　　　η——放电容量系数;

　　　t——放电时的环境温度,℃;

　　　α——电池温度系数,当放电小时率大于或等于 10 时 $\alpha=0.006$,当放电小时率大于或等于 1 时 $\alpha=0.008$,当放电小时率小于 1 时 $\alpha=0.01$。

二、VRLA 蓄电池的安装

1. 安装方式

阀控密封铅酸电池不应专设电池室,而应与通信设备同装一室,可叠放组合或安装在机架上。阀控铅酸蓄电池有高形和矮形两种设计,高形设计的电池体积(高度)大、重量大、浓差极化大,影响电池性能,最好卧式放置。矮形电池可立放,也可卧放工作。安装方式要根据工作场地与设施而定。

2. 注意事项

(1)不能将容量、性能和新旧程度不同的电池连在一起使用。

(2)连接螺丝必须拧紧,但也不要拧紧力过大而使极柱嵌铜件损坏。脏污和松散的连接会引起电池打火爆炸,因此要仔细检查。

(3)电池均为 100% 荷电出厂,必须小心操作,忌短路。因此,装卸、连接时应使用绝缘工具,戴绝缘手套,防止电击。

(4)安装末端连接件和整个电源系统导通前,应认真检查正负极性及测量系统电压。

(5)电池不要安装在密闭的设备和房间内,应有良好通风,最好安装空调。电池要远离热源和易产生火花的地方,避免阳光直射。

三、VRLA 蓄电池使用维护内容

VRLA 蓄电池不用加酸加水维护。为了保证电池使用良好,需要做一些必要的管理工作和使用维护与保养。

1. 经常检查的项目

一般检查的项目:电池端电压、环境温度(测量电池温度为最好)、连接处有无松动或腐蚀、电池壳体有无渗漏或变形、极柱和安全阀周围是否不断有酸雾逸出。

2. 电池投入运行早期的工作

提倡每半年或一年履行一次核对性容量放电,放出 30%～50% 额定容量,以利于容量较小的活性物质 $\alpha\text{-PbO}_2$ 转变为容量较大的活性物质 $\beta\text{-PbO}_2$,同时可抑制容量早期损失。随着电池运行期的增长,应相应地减少核对性容量放电,在电池接近使用寿命终了时,不能再进行核对性容量放电。

3. 清理电池上的尘污

经常做好去除电池污秽工作,尤其是极柱和连接条上的尘土,防止电池漏电或接地。同时检查连接条有无松动,观察电池外观有无异常,如有异常应及时处理。

四、VRLA 蓄电池的定期测量

1. 端电压的均匀性

VRLA 蓄电池的端电压均匀性是否一致关系到蓄电池组的可靠运行。如果蓄电池组的均匀性差,就会使单体电压过高或过低,导致由多只电池组成的蓄电池组在运行过程中,产生充电或放电的不均衡,结果造成单只电池间的容量不均衡。

测量电池端电压的均匀性,主要是检查电池组内各单体电池活性物质的质量差异。电池端电压均匀性的测试分为静态和动态两种情况,静态测试是指电池在开路状态下的测量值;动态测试是指电池在浮充状态下的测量值。

VRLA 蓄电池各单体间的最大值与最小值的端压差,称为端电压极差,它是衡量电池均匀性的一个重要技术指标。测量 VRLA 蓄电池的端电压极差需电池组在浮充状态下,用 4 位半数字万用表的电压挡在单体电池正负极柱的根部测得其端电压。

各单体电池开路电压最高与最低的差值应不大于 20 mV(2 V 电池)、50 mV(6 V 电池)、100 mV(12 V 电池)。

蓄电池处于浮充状态时,各单体电池电压之差应不大于 100 mV(2 V 电池)、240 mV(6 V 电池)、480 mV(12 V 电池)。

2. 标示电池的选定

对于蓄电池的检测,主要是测量电池电压和容量,而电池容量都是依一组电池中最先到达放电终止电压的那只电池为准。对于这些有代表性的电池称为标示电池。

标示电池的选定应在平时电池放电的终了时刻查找单体端电压最低的电池一至二只为代表。标示电池不一定是固定不变的,相隔一定时间后应重新确认。

3. 电池极柱压降的测量

电池间的连接条和极柱的连接处有接触电阻存在,在电池充电和放电过程中,连接条上将会产生极柱压降。接触电阻越大,充放电时产生的压降越大,结果造成受电端电压下降而影响通信,其次造成连接条发热,产生能耗。严重时甚至使连接条发红,电池壳体熔化等严重的安全隐患。测量极柱压降示意图如图 5—9 所示。

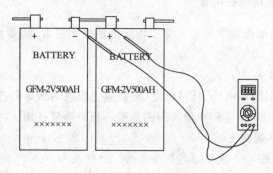

图 5—9 极柱压降的测量

具体测量步骤如下:

(1)调低整流器输出电压或关掉整流器交流输入,使电池向负载放电。

(2)几分钟后(待电池端电压稳定后),测放电电流及每两只电池间的极柱间连接压降,并选出压降最大的一组。测量时,必须是在两只电池的根部。

(3)由该电池组的额定容量算得 1 小时率放电电流值和极柱压降。

(4)按公式测得压降值/负载电流=所求极柱压降/1 h 放电率电流值,算得极柱压降。

(5)按公式判断:极柱压降小于 10 mV 为合格;否则为不合格。

(6)注意事项:

①确认测试在电池放电状态。

②测点要准确,必须在相邻两只电池极柱的根部。

③正确使用仪表进行测量,并会通过换算鉴别系统内某个压降数据是否符合设计指标。

4. 电池极柱温升的测量

VRLA 蓄电池极柱与连接条一般都由螺栓做紧固连接,其接触电阻的大小同样会直接影

响该电池组的放电效果,除了测极柱间的电压降外,还有一种检测手段,就是测量极柱连接条螺栓处的温升,测量方法如下:

(1)测量的电池组必须有一定的充放电电流,一般在均充状态下或在放电状态下进行(为了确保供电的可靠性,检测时可将整流器或开关电源的输出电压调到下限值,使电池单独放电)。

(2)用红外测温仪分别瞄准对应的极柱螺栓连接处,测量该处温度时被测点与测温仪枪口的距离应在 1 m 左右,并应垂直于测试点的表面。

(3)测温仪要根据不同的测试材料介质,预先调整好红外线反射率系数,一般铜、铁为0.95,铅为 0.3。

(4)测温仪与测试点之间应无温度干扰环境。

(5)从测温仪的显示屏上分别读出各连接点的温度。

(6)换算公式:温升＝实测值－环境温度。

部分器件温升允许范围见表 5－5。

表 5－5　部分器件温升允许范围

测点	温升(℃)	测点	温升(℃)
A 级绝缘线圈	≤60	整流二极管外壳	≤85
E 级绝缘线圈	≤75	晶闸管外壳	≤65
B 级绝缘线圈	≤80	铜螺钉连接处	≤55
F 级绝缘线圈	≤100	熔断器	≤80
H 级绝缘线圈	≤125	珐琅涂面电阻	≤135
变压器铁心	≤85	电容外壳	≤35
扼流圈	≤80	塑料绝缘导线表面	≤20
铜导线	≤35	铜排	≤35

5. VRLA 蓄电池全容量测试

蓄电池容量就是指电池在一定放电条件下的荷电量。蓄电池作为后备电源,它是保障供电系统永不间断的生命线,一旦由蓄电池单独供电时,不仅要保证供电的可靠性,而且还要保证供电的时效性。

蓄电池容量检测方式主要有离线式和在线式两种。离线式一般适用于新安装,还未正式投运的蓄电池,可以用恒流(一般采用 10 小时率)假负载或根据实际负荷电流进行放电试验,这样得到的放电曲线和测得的电池容量都比较准确,可以作为原始档案以便以后进行容量检测时的比照。而在实际投入运行的 VRLA 蓄电池一般都采用在线式测试,这主要是为了确保供电的可靠性。

全放电法就是通常所说的电池容量试验,这是检验整组电池的实际放电能力。测试方法如下:

(1)检查市电、油机发电机和整流器(开关电源)都应正常可靠。

(2)关闭整流器(开关电源)或调低其输出电压,由电池单独放电。

(3)测量电池放电电流,验算放电电流倍数,查表得额定容量的百分数。

(4)测室温和各电池端电压:每小时记录一次,临近放电终了时 10 min 左右记录一次,避免过放电。

(5)整组电池中只要有一只电池端电压达到放电终止电压应立即停止放电,并恢复整流器的正常供电。

(6)核算电池容量。核算出来的电池容量要大于该电池额定容量的80%为合格。

6. VRLA 蓄电池核对性放电试验法

核对性容量试验通常按3小时率的放电电流进行1 h放电,即放出电池总容量的三分之一左右。放电结束时,将各单体电池端电压与厂家给出的3小时率标准放电曲线(原始曲线)进行对比,若曲线下降斜度与原始曲线基本接近,说明该电池的容量基本不变,反之则说明电池容量变化明显。

7. 蓄电池单组离线实验

蓄电池单组离线实验步骤如下:

(1)做方案。

(2)确认需离线的电池处于浮充状态,电流小。

(3)操作前检查有无不安全因素,如导体裸露等。

(4)浮充电流小、负荷最小时开始操作。

(5)工具:要用做好绝缘处理的呆扳手。

(6)在电池馈线与电池组第一节电池连接处将螺丝拆开,先拆负极,在拆开处做临时绝缘处理,再拆正极,电池馈线端也做绝缘处理。

(7)安装时确认电池端电压与系统电压相差不超过0.5 V,先接正极,再接负极。

五、VRLA 蓄电池在施工过程中的注意事项

阀控蓄电池的使用寿命和机房的环境、整流器的设置参数,以及运行状况很有关系。同一品牌的蓄电池,当其在不同的环境和不同的维护条件下使用时,其实际使用寿命会相差很大。

(1)为保证蓄电池的使用寿命,最好不要使蓄电池有过放电。稳定的市电及油机配备是蓄电池使用寿命长的良好保证,而且油机最好每月启动一次,检查其是否能正常工作。

(2)一些整流器(开关电源)的参数设置(如浮充电压、均充电压、均充的频率和时间、转均充判据、转浮充判据、环境温度、温度补偿系数、直流输出过压告警、欠压告警及充电限流值等),应与各蓄电池厂家沟通后再具体确定。

(3)每个机房的蓄电池配置容量最好在8~10小时率比较合适。频繁的大电流放电会使蓄电池使用寿命缩短。

(4)阀控蓄电池虽称"免维护"蓄电池,但在实际工作中仍需履行维护手续,每月应检查的项目如下:

①单体和电池组浮充电压。

②电池的外壳和极柱温度。

③电池的壳盖有无变形和渗液。

④极柱、安全阀周围是否渗液和有酸雾溢出。

(5)如果电池的连接条没有拧紧,会使连接处的接触电阻增大,在大电流充放电过程中,很容易使连接条发热,甚至会导致电池盖的熔化,情况严重的可能引发明火。所以维护人员应每半年做一次连接条的拧紧工作,以保证蓄电池安全运行。

(6)为了确保用电设备的安全性,要定期考察电池的储备容量,检验电池实际容量能达到额定容量的百分比,避免因其容量下降而起不到备用电源的作用。对于已运行3年以上的电池,最好每年进行一次核对性放电试验,放出额定容量的 30%～40%。每 3 年进行一次容量放电测试,放出额定容量的 80%。

(7)蓄电池放电时注意事项:应先检查整组电池的连接处是否拧紧,再根据放电倍率来确定放电记录的时间间隔,对于已开通的机房一般使用假负载进行单组电池的放电,在另一组电池放电前,应先对已放电的电池进行充电,而后才能对另一组电池进行放电。放电时应紧密注意比较落后的电池,以防某个单体电池的过放电。

六、VRLA 电池的使用

1. 蓄电池使用环境

使用环境温度范围:$-15～+45\,℃$;避开热源和阳光直射场所;避开潮湿、可能浸水场所;避开完全密闭场所。

2. 蓄电池使用条件

并联使用:推荐为 3 组以内。

多层安装:层间温度差控制在 $3\,℃$ 以内。

散热条件:电池间距保持 $5～10\,mm$ 之间。

换气通风条件:保证室内氢气浓度小于 0.8%。

关于电池混用:新旧不同、厂家不同的产品不允许混合使用。

浮充使用条件:限流小于或等于 $0.25C_{10}$,电压满足电池要求。

最佳环境温度:$20～25\,℃$。

3. 蓄电池的安装

(1)开箱及检查

检查:蓄电池外观——无损伤。

点验:配件——齐全。

参阅:安装图、注意事项。

(2)安装前注意事项

①小心导电材料短接蓄电池正负端子。

②搬运蓄电池时,不可在端子部位用力,同时避免蓄电池倒置、遭受摔掷或冲击。

③不准打开排气阀。

④操作时不能佩戴戒指、项链等金属物,安装铅酸电池时应戴胶手套。

(3)安装及接线

①将金属安装工具(如扳手)用绝缘胶带包裹,进行绝缘处理。

②先进行蓄电池之间的连接,然后再将蓄电池组与充电器或负载连接。

③多组电池并联时,遵循先串联后并联的接线方式。为保证较好的散热条件,各列蓄电池需保持 $10\,mm$ 左右间距。

④连接前后,在蓄电池极柱表面敷涂适量防锈剂。

⑤蓄电池安装完毕,测量电池组总电压无误后,方可加载上电。

4. 放电

(1)最大允许放电电流应控制在以下范围之内:

放电电流 $i=3C_{10}$,放电时间 $T\leqslant 1\,min$;

放电电流 $i=6C_{10}$,放电时间 $T\leqslant 5\,s$。

(2)放电终止保护电压见表5—6。

表5—6　放电终止保护电压

放电电流(A)	放电终止电压(V/单格)
$<0.1C_{10}$	1.9
$\approx 0.1C_{10}$	1.8
$\approx 0.17C_{10}$	1.8
$\approx 0.25C_{10}$	1.7
$\geqslant 0.6C_{10}$	1.6

不要使蓄电池端子电压降至上述规定值以下。

5. 充电

(1)浮动充电参数

充电电压：2.23 V/单格(25 ℃)。

最大充电电流：$\leqslant 0.25C_{10}$。

温度补偿系数：-4 mV/(℃·单格)(以 25 ℃为基点)。

同一电池组各单体电池的电压值在使用初期会出现一定偏差,半年之后将趋于一致。

(2)均衡充电参数

充电电压：2.35 V/单格(25 ℃)。

最大充电电流：$\leqslant 0.25C_{10}$。

温度补偿系数：-4 mV/(℃·单格)(以 25 ℃为基点)。

正常浮充运行可以不进行此项操作,遇到下列情况之一可考虑采用均衡充电：

放电容量超过额定容量的 20%以上；搁置不用时间超过 3 个月；连续浮充 3～6 个月或电池组内出现电压落后的电池。

第五节　蓄电池配置

一、蓄电池容量的选择

如何正确、合理地选择蓄电池,这要根据市电供电情况、负荷量的大小及负荷变化的情况等因素来决定。一般蓄电池容量的确定的主要依据是：

(1)市电供电类别。

(2)蓄电池的运行方式。

(3)忙时全局平均放电电流。

在以上主要依据中,市电供电类别分为 3 类,对于不同的供电类别,蓄电池的运行方式和容量的选择是不同的。其中,一类市电供电的单位,可采用全浮充方式供电,其蓄电池容量可按 1 小时放电率来选择；二类市电供电的单位,可采用全浮充或半浮充方式供电,其蓄电池容量可按 3 小时放电率来选择；三类市电供电的单位,可采用充放电方式供电,其蓄电池容量可按 8～10 小时放电率来选择。放电率与电池容量的关系可见表5—7。此外,忙时全局平均放电电流也是决定所装蓄电池容量的重要因素。选择蓄电池的容量为

$$Q = \frac{I_{平均}}{K_n[1 + 0.006(t - 25)]}$$

式中 Q——蓄电池容量,A·h;

$I_{平均}$——忙时全局平均放电电流,A;

K_n——容量转变系数,即 n 小时放电率下,蓄电池容量与 10 h 放电率的蓄电池容量之比;

t——实际电解液的最低温度,℃。蓄电池室有采暖设备时,可按 15 ℃考虑;无采暖设备时,则按所在地区最低室内温度计算,但不应低于 0 ℃;

25——蓄电池额定容量时的电解液温度;

0.006——容量温度系数(即电解液以 25 ℃为标准时,每上升或下降 1 ℃时所增加或减少的容量比值)。

为了便于计算,可将上述公式简化为

$$Q = K \cdot I_{平均}$$

式中 K——电池容量计算系数。

表 5-7 不同放电率的放电电流和电池容量

放电小时数	电池容量(额定容量的百分比)(%)	放电电流(额定容量的百分比)(%)
10 小时放电率	100	10
8 小时放电率	96	12
5 小时放电率	85	17
3 小时放电率	75	25
2 小时放电率	65	32.5
1 小时放电率	50	50

二、蓄电池组的组成计算

通信直流电源中的蓄电池组由单体电池串联组成。在直流供电系统中,蓄电池组的数量一般由通信设备要求的负荷电流和蓄电池充放电工作方式而定,对于一组蓄电池来说,单体电池的串联只数也由通信设备的电压要求决定。一组蓄电池中单体电池串联的只数,至少应能保证在放电终了时电池组端电压在通信设备受电端子上的部分,不低于通信设备对电源电压要求的下限值(即通信设备的最低工作电压),因此,电池组电池串联只数最少应不少于 $N_{放}$:

$$N_{放} = \frac{U_{最小} + \Delta U_{最大}}{U_{放终}}$$

式中 $N_{放}$——电池组放电时所需电池只数,计算结果有小数时,进位取整数,只;

$U_{最小}$——通信设备规定允许的最低工作电压,V;

$\Delta U_{最大}$——电池组至通信设备端放电回路机线设备的最大电压降总和,V;

$U_{放终}$——电池放电终止电压,取 1.8 V 或按电池厂提供的参数计算,V。

一般 48 V 程控交换机电压范围为 42～56.0 V 之间,邮电部允许的电池至交换机回路压降为 1.5 V。

三、延长蓄电池的使用寿命的方法

1. 保持蓄电池处于良好的浮充状态

决定电池寿命的要素有三个:第一是产品质量;第二是维护的情况;第三是决定电池是否

处于良好的浮充运行状态。

浮充运行是指整流器与蓄电池并联供电于负载,如图 5-10 所示。当交流电正常供应时,负载电流由交流电经整流后直接供电于负载,蓄电池处于微电流(补充其自放电所耗电能)充电状态;当交流电停供时才由蓄电池单独供电于负载,故蓄电池经常处于充足状态,大大减少了充放电循环周期,延长了电池寿命。

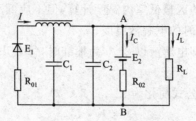

图 5-10 浮充电原理图

2. 浮充电压的选择

蓄电池浮充电压的选择是对电池维护好坏的关键。如果选择得太高,会使浮充电流太大,不仅增加能耗,对于密封电池来说,还会因剧烈分解出氢氧气体而使电池爆炸。如果选择太低,则会使电池经常充电不足而导致电池加速报废。

图 5-10 中 U_{AB} 是蓄电池的浮充电压,由整流器稳压方式提供(稳压精度必须达到 $\pm 1\%$);I_C 为蓄电池充电电流,主要是补充蓄电池的自放电;由于蓄电池处于浮充(充足)状态,E_2 和 R_{02} 基本不变。对于开口型电池,因电解液由各使用单位自行配制,故充电开始有所差异。对阀控式密封铅酸蓄电池,出厂时已成为定值,因此:

$$I_C = \frac{U_{AB} - E_2}{R_{02}} = \frac{Q \times \sigma}{24}$$

式中 Q——蓄电池组的额定容量;

　　　σ——电池一昼夜自放电占额定容量的百分比。

则　　　　　　　　　　　$U_{AB} = E_2 + I_c \cdot R_{02} = E_2 + \frac{Q \times \sigma}{24} R_{02}$

由此可见,浮充电压应按电池的容量、质量(自放电的多少)而定,而不应千篇一律,照抄国外或沿用老资料,特别是阀控式密封铅酸蓄电池,其自放电很小,故可降低浮充电压。

对于阀控式密封铅酸蓄电池,因电解液、隔离板均由厂家出厂时密封为定值,故应增加一个自放电的指标。

3. 低电压恒压充电(均衡充电)技术

所谓低压恒压充电,即过去传统的恒压充电法,但其不同点是,低电压恒压充电一般采用每只蓄电池平均端电压为 $2.25 \sim 2.35$ V 的恒定电压充电。当蓄电池放出很大容量(A·h)而电势较低时,充电之初为防止充电电流过大,充电整流器应具有限流特性,故仍处于恒流充电状态。当充入一定容量(A·h)后,蓄电池电势升高,充电电流才逐渐减小。这种充电方式由于有以下优点而被推广使用。

充电末期的充电电流很小,故氢气和氧气产生量极小。它能改善劳动条件、降低机房标准,是全密闭电池适用的充电方式。

充电末期的电压低,对程控电源等允许用电压变化范围较宽的用电设备供电时,可在不脱离负载的情况下进行正常充电,以简化操作,提高可靠性。整流器的输出电压最大值较小,可减小整流器中变压器的设计重量。

4. 蓄电池浮充电压与温度的关系

应注意的是,在浮充运行中,阀控电池的浮充电压与温度有密切的关系,浮充电压应根据环境温度的高低作适当修正。不同温度下,阀控电池的浮充端电压可通过 U_t 来确定:

$$U_t = 2.27\,V - (t - 25\,℃) \times 3\,mV/℃$$

从上式明显看出,当温度低于 25 ℃ 太多时,若阀控电池的浮充仍设定为 2.27 V/℃,势必使阀控电池充电不足。同样,若温度高于 25 ℃ 太多时,若阀控电池的浮充电压仍设定为 2.27 V/℃,势必使阀控电池过充电。

在浅度放电的情况下,阀控电池在 2.27 V/℃(25 ℃) 下运行一段时间是能够补充足其能量的。

在深度放电的情况下,阀控电池充电电压可设定为 2.35～2.40 V/℃(25 ℃),限流点设定为 $0.1Q$,经过一定时间(放电后的电池充足电所需的时间依赖于放出的电量、放电电流等因素)的补充容量后,再转入正常的浮充运行。

第六节　VRLA 蓄电池的维护

VRLA 电池尽管有许多优点,但和所有电池一样也存在可靠性和寿命问题。VRLA 电池使用寿命为 15～20 年(25 ℃ 浮充使用),但实际在使用中,电池会出现提前失效的现象,容量降为 80% 以下。蓄电池失效系指电池性能逐渐退化,直至不能使用。较短的使用寿命并不是 VRLA 电池的本来属性,造成 VRLA 电池性能下降的原因是多方面的,主要是通过正极板、负极板、隔板等情况的逐渐变质,如有板栅的腐蚀与变形、电解液干涸、负极硫酸化、早期容量损失、热失控等原因。

VRLA 蓄电池的使用寿命与生产工艺和产品质量有密切关系。除了这一先天因素以外,对于质量合格的 VRLA 蓄电池而言,其运行环境与日常维护都直接决定了 VRLA 蓄电池的使用寿命。正确与合理的运行与维护对 VRLA 蓄电池的运行更显得重要。

一、VRLA 蓄电池维护的技术指标

(1)容量:额定容量是指蓄电池容量的基准指标,容量指在规定放电条件下蓄电池所放出的电量,小时率容量指 n 小时额定容量的数值,用 C_n 表示。

(2)最大放电电流:在电池外观无明显变形,导电部件不熔断条件下,电池所能容忍的最大放电电流。

(3)耐过充电能力:完全充电后的蓄电池能承受过充电的能力。

(4)容量保存率:电池达到完全充电后静置数十天,由保存前后容量计算出的百分数。

(5)密封反应性能:在规定的试验条件下,电池在完全充电状态,每 A·h 放出气体的量(mL)。

(6)安全阀动作:为了防止因蓄电池内压异常升高损坏电池槽而设定了开阀压,为了防止外部气体自安全阀侵入,影响电池循环寿命,而设立了闭阀压。

(7)防爆性能:在规定的试验条件下,遇到蓄电池外部明火时,在电池内部不引爆、不引燃。

(8)防酸雾性能:在规定的试验条件下,蓄电池在充电过程,内部产生的酸雾被抑制向外部泄放的性能。

二、通信用 VRLA 蓄电池技术要求

(1)放电率电流和容量

依据 GBFI、13337.2 标准,在 25 ℃环境下,蓄电池额定容量符号标注为

C_{10}——10 小时率额定容量(A·h),数值为 C_{10};

C_3——3 小时率额定容量(A·h),数值为 $0.75C_{10}$;

C_1——1 小时率额定容量(A·h),数值为 $0.55C_{10}$;

I_{10}——10 小时率放电电流(A),数值为 $0.1C_{10}$;

I_3——3 小时率放电电流(A),数值为 $2.5I_{10}$;

I_1——1 小时率放电电流(A),数值为 $5.5I_{10}$。

(2)终止电压 U_f

10 小时率蓄电池放电单体终止电压为 1.8 V。

3 小时率蓄电池放电单体终止电压为 1.8 V。

1 小时率蓄电池放电单体终止电压为 1.75 V。

(3)充电电压、充电电流、端压偏差

蓄电池在环境温度为 25 ℃条件下,浮充工作单体电压为 2.23～2.27 V,均衡工作单体电压为 2.30～2.35 V。各单体电池开路电压最高与最低差值不大于 20 mV。蓄电池处于浮充状态时,各单体电池电压之差应不大于 90 mV,最大充电电流不大于 $2.5I_{10}$。

(4)蓄电池按 1 小时率放电时,两只电池间连接条电压降在各极柱根部测量值应小于 10 mV。

三、阀控式密封铅酸蓄电池的质量标准

阀控式密封铅酸蓄电池的质量标准应满足表 5—8 的规定。

表 5—8   阀控式密封铅酸蓄电池的质量标准

序 号	项　目	标　准	备　注
1	蓄电池容量	采用连续浮充制的蓄电池组实存容量(10 小时率)按运用年限为: 1.1～5 年应不小于 10 h 额定容量的 90%。 2.6～7 年应不小于 10 h 额定容量的 80%。	2 V 系列
		采用连续浮充制的蓄电池组实存容量(10 小时率)按运用年限为: 1.1～3 年应不小于 10 小时额定容量的 90%。 2.4～5 年应不小于 10 小时额定容量的 80%	12 V 系列
2	电压	1.浮充电压(25 ℃):2.23～2.27 V(或按生产厂家规定)。 2.均衡充电电压:2.30～2.35 V。 3.放电终止电压:1.80 V。	2 V 系列
		1.浮充电压(25 ℃):13.38～13.63 V(或按生产厂家规定)。 2.均衡充电电压:13.80～14.10 V。 3.放电终止电压:10.8 V	12 V 系列
3	连接	蓄电池的正、负极端子应标志明显,其端子应用螺栓、螺母连接,连接部分(含极柱)电压降应不大于 5 mV	10 小时放电率
4	电池架	无腐蚀,耐酸漆无脱落、剥皮、平整、稳固	

四、VRLA 蓄电池对充电设备的技术要求

1. 稳压精度

稳压精度是指在输入交流电压或输出负载电流变化时，充电设备在浮充或均充电压范围内输出电压偏差的百分数。VRLA 蓄电池一般都在浮充状态下运行，每只 VRLA 蓄电池的浮充端电压一般在 2.25 V 左右（在 25 ℃常温下）。

如果充电整流器的稳压精度差，将会导致 VRLA 蓄电池的过充或欠充，故稳压精度应优于 1%。

2. 自动均充功能

VRLA 蓄电池需要定期进行均充电，VRLA 蓄电池进行均充的目的就是为了确保电池容量被充足，防止 VRLA 蓄电池的极板钝化，预防落后电池的产生，使极板较深部位的有效活性物质得到充分还原。

(1)均充功能启用条件

凡遇下列情况需进行均衡充电：

①浮充电压有两只以上低于 2.18 V/只。

②搁置不用时间超过 3 个月。

③全浮充运行达 6 个月。

④放电深度超过额定容量的 20%。

自动均充启动条件可以根据 VRLA 蓄电池的新旧程度和不同生产厂家的技术要求进行人工设置。

(2)自动均充终止的判据

①充电量不小于放出电量的 1.2 倍。

②充电后期充电电流小于 $0.005C_{10}$（C_{10}＝电池的额定容量）。

③充电后期，充电电流连续 3 h 不变化。

达到上述三个条件之一，可以终止均充状态自动转入浮充状态。

3. 电压—温度补偿功能

VRLA 蓄电池对温度非常敏感，电池电压与环境温度有关，为了能控制 VRLA 蓄电池浮充电流值，要求充电设备在温度变化时能够自动调整浮充电压，也就是应具有输出电压的温度自动补偿功能（即当电池温度上升时，浮充电流上升，充电设备能自动将浮充电压下降，使浮充电流保持不变）。对 VRLA 蓄电池浮充端电压一般（在 25 ℃）设置在 2.25 V，浮充电流一般在 0.45 mA/A·h 左右。温度补偿的电压值通常为以环境温度 25 ℃为界，温度每升高或降低 1 ℃，其浮充电压就相应降低或升高 3～4 mV/只。建议电池环境温度控制在 5～30 ℃，因为自放电和电池失水的速率都随温度的升高而加大，会导致电池因失水而早期失效。

4. 限流功能

充电设备输出限流和电池充电限流是两种不同的功能。充电设备的输出限流是对充电设备本身的保护，而电池充电限流是对电池的保护。整流设备输出限流是当输出电流超过其额定输出电流的 105%，整流设备就要降低其输出电压来控制输出电流的增大，达到保护整流设备不受损坏。而电池的充电限流是根据电池容量来设定的，一般为 $0.15C_{10}$ 左右。

5. 智能化管理功能

VRLA 蓄电池是贫液式的密封铅酸电池，其对浮充电压、均充电压、均充电流和温度补偿

电压都要严格控制。因而对 VRLA 蓄电池使用环境的变化,均充的开启和停止、均充的时间、均充周期等智能化管理就显得非常必要。

五、VRLA 蓄电池的失效原因分析

1. 失水

从阀控铅酸蓄电池中排出氢气、氧气、水蒸气及酸雾,都是电池失水的方式和干涸的原因。干涸造成电池失效这一因素是阀控铅酸蓄电池所特有的,失水的原因有:

(1)气体再化合的效率低。

(2)从电池壳体中渗出水。

(3)板栅腐蚀消耗水。

(4)自放电损失水。

(5)安全阀失效或频繁开启。

2. 早期容量损失

VRLA 电池的早期容量损失是指电池初期进行容量循环时,每经过一次充放电循环,容量下降明显。在阀控铅酸蓄电池中使用了低锑或无锑的板栅合金,早期容量损失常容易在如下条件发生:

(1)不适宜的循环条件,如连续高速率放电、深放电,充电开始时低的电流密度。

(2)缺乏特殊添加剂如 S_b、S_n 等。

(3)低速率放电时,高的活性物质利用率低、电解液高度过剩、极板过薄等。

(4)活性物质密度过低,装配压力过低等。

3. 热失控

大多数电池体系都存在发热问题,在阀控铅酸蓄电池中可能性更大,这是由于氧再化合过程使电池内产生更多的热量,排出的气体量小,减少了热的消散。

若阀控铅酸蓄电池工作环境温度过高或充电设备电压失控,则电池的充电量会增加过快,电池内部温度随之增加,电池散热不佳,从而产生过热,电池内阻下降,充电电流又进一步升高,内阻进一步降低。如此反复形成恶性循环,直到热失控使电池壳体严重变形、胀裂。为杜绝热失控的发生,要采用相应的措施:

(1)充电设备应有温度补偿功能或限流。

(2)严格控制安全阀质量,以使电池内部气体正常排出。

(3)蓄电池要设置在通风良好的位置,并控制电池温度。

4. 负极不可逆硫酸盐化

在正常条件下,铅蓄电池在放电时形成硫酸铅结晶,在充电时能较容易地还原为铅,如果电池的使用和维护不当,例如,经常处于充电不足或过放电,负极就会逐渐形成一种粗大坚硬的硫酸铅,它几乎不溶解,用常规方法充电很难使它转化为活性物质,从而减少了电池容量,甚至成为蓄电池寿命终止的原因,这种现象称为极板的不可逆硫酸盐化。为了防止负极发生不可逆硫酸盐化,必须对蓄电池及时充电,不可过放电。

5. 板栅腐蚀与伸长

在实际运行过程中,一定要根据环境温度选择合适的浮充电压。浮充电压过高,除引起水损失加速外,也引起正极板栅腐蚀加速。当合金板栅发生腐蚀时,产生应力,致使极板变形、伸长,从而使极板边缘间或极板与汇流排顶部短路。阀控铅酸蓄电池的寿命,取决于正极板寿

命,其设计寿命是按正极板栅合金的腐蚀速率进行计算的。正极板栅被腐蚀得越多,电池的剩余容量就越少,电池寿命就越短。

6.隔板质量下降

目前世界通信界选用的阀控式铅酸蓄电池普遍为 AGM(吸附式玻璃纤维棉)型电池。由于 VRLA 电池为紧密装配,电池中的 AGM 使用一定时期之后,产生弹性疲劳,使电池极群失去压缩或压缩减小,结果在 AGM 隔板与极板间产生裂纹,电池内阻增大,电池性能下降。

第七节　蓄电池维护

一、VRLA 蓄电池一般故障的分析及处理

1. VRLA 蓄电池漏液

引起漏液的可能原因及处理方法如下:

(1)电池外壳变形或者破损

处理方法:与生产厂家联系更换。

(2)电池阀控密封圈失效或极柱密封不严

处理方法:更换密封圈或通知厂家更换电池。

(3)浮充电压过高或者电池温度过高

处理方法:检查浮充电压的设置值并进行重新调整;检查环境温度,如果过高应考虑安装空调器。

2. 浮充端电压不均匀

引起浮充端电压不均匀的原因及处理方法如下:

(1)电池内阻不均匀

处理方法:对该电池组进行均衡充电 12~24 h。

(2)电池连接条电蚀及连接螺栓锈蚀

处理方法:对电蚀的连接条进行电蚀清除,对锈蚀的连接螺栓进行更新。

3. 单体电池浮充端电压偏低

引起单体电池浮充端电压偏低的可能原因及处理方法如下:

(1)电池内部发生微短路

处理方法:均衡充电 12~24 h,如仍不能排除,就单独对该电池进行活化处理。

(2)整流开关电源输出设置偏低

处理方法:检查整流开关电源输出电压设定值,重新调整其输出电压。

4. VRLA 蓄电池容量不足

引起电池容量不足的可能原因及处理方法如下:

(1)电池欠充

处理方法:均衡充电 12~24 h。

(2)浮充电压偏低

处理方法:提高整流器浮充电压设置值。

(3)失水严重,内部干涸

处理方法:补加活化液后均衡充电 12 h。

5. 电池极柱或外壳温度过高

电池极柱温度过高的可能原因及处理方法如下：

(1)连接螺栓松动

处理方法：检查连接螺丝并拧紧。

(2)极柱与连接条接触处腐蚀

处理方法：清除极柱上的腐蚀并更换连接条。

电池外壳温度过高的可能原因及处理方法如下：

(1)浮充电压过高

处理方法：检查整流开关电源的浮充电压设置值，并重新调整浮充电压。

(2)电池自放电大

处理方法：对该电池进行单独均充电 12～24 h，静置 3 h 后，如果电池外壳温度仍过高，应考虑更换。

6. 电池充电电压忽高忽低

引起电压忽高忽低的可能原因及处理方法如下：

(1)连接条或连接螺栓松动

处理方法：检查连接条及螺栓的接触，并拧紧螺丝。

(2)整流开关电源输出电压不稳

处理方法：检查整流开关电源与蓄电池之间连接，如果连接可靠，就需进一步检查整流电源设备故障。

7. 电池漏电

引起电池漏电的原因一般是电池被灰尘覆盖或电池漏液残留物导致电池漏电，其处理方法为清洁电池。

8. 单体电池外壳膨胀

引起外壳膨胀的可能原因及处理方法如下：

(1)浮充电压太高

处理方法：检查整理开关电源输出电压，重新调整浮充电压设置值。

(2)均充电压太高或均充时间太长

处理方法：检查整流开关电源的均充设置，并重新调整。

(3)电池充电的初始电流过大

处理方法：检查整流开关电源的限流设置值，并重新调整。

(4)VRLA 蓄电池的阀门堵塞

处理方法：检查阀门，更换橡皮圈并清洗滤帽。

二、蓄电池的更换

1. 物理损坏

在维修工作中，应经常检查密封阀控式蓄电池的外观、极柱，发现下列情况之一时，必须及时更换：

(1)电池槽、盖发生破裂。

(2)电池槽、盖的结合部渗漏电解液。

(3)极柱周围出现爬酸现象或渗漏电解液。

2. 更换判据

　　如果蓄电池电压在放出其额定容量 80%(对照相应放电率的容量如 C_{10}、C_3 等参数)之前已低于 1.8 V/单格(1 小时率放电为 1.75 V/单格),则应考虑加以更换。

　　3. 更换时间

　　蓄电池属于消耗品,有一定的寿命周期。综合考虑使用条件、环境温度等因素的影响,在到达蓄电池设计使用寿命之前,用新电池予以更换,充分保证电源系统安全、正常运行。

三、蓄电池维护方法

　　(1)清洁:经常保持蓄电池外表及工作环境的清洁、干燥状态;蓄电池的清扫应采取避免产生静电的措施;用湿布清扫蓄电池;禁止使用香蕉水、汽油、酒精等有机溶剂接触蓄电池。

　　(2)蓄电池端电压的均衡性:开路状态下,同组电池中各单体电池间的电压差应不大于 20 mV(2 V 电池),100 mV(12 V 电池);浮充状态下,各单体电池电压差不超过 90 mV(2 V 电池),480 mV(12 V 电池)。

　　(3)蓄电池的端子应连接紧固,保持清洁且不应对端子产生扭曲应力。

　　(4)阀控式密封铅酸蓄电池在投入使用前应按产品使用说明书的规定进行补充充电。当环境温度为 21～32 ℃时充电 12 h,如若环境温度为 10～15 ℃时,充电时间应延长至 24 h。

　　(5)密封阀控式蓄电池在深度放电后,应采取限流充电法进行恢复性充电,其充电电流严禁超过 $0.25C_{10}$(C_{10} 为蓄电池 10 小时率容量),一般应采用 $0.1C_{10}$。

　　(6)蓄电池组的均衡充电:均衡充电应定期进行,一般 3～6 个月进行一次。遇有下列情况之一时,应进行均衡充电:

　　①全组中单体电池的浮充电压有两只以上低于 2.18 V(2 V/只)。

　　②浮充电时蓄电池端电压不均衡达到 0.25 V(12 V/只)或 0.05 V(2 V/只)及以上。

　　③强放电(放电电流大于 3 小时率)。

　　④小电流深度放电超过 48 h。

　　⑤放电容量达到额定容量的 20%以上。

　　⑥经常充电(或浮充)不足。

　　⑦搁置或停用时间超过 1 个月。

　　⑧蓄电池经重点整修后。

　　(7)密封阀控式蓄电池的浮充电压和均充电压必须满足电池生产厂家和通信设备供电的技术要求。一般浮充电压(48 V 电池组)应为 53.52～54.48 V,均充电压为 55.2～56.4 V。

　　(8)阀控式蓄电池的浮充电压与温度有着密切的关系。环境温度自 25 ℃每上升或下降 1 ℃,每只电池的浮充电压应降低或提高 0.003 V。

　　(9)蓄电池组的放电:长期连续浮充电的蓄电池,应定期进行容量试验或核对性容量试验,其周期为:

　　①2 V 蓄电池在投入运行后的前 5 年,12 V 蓄电池在投入运行后的前两年,每年应以实际负载进行一次核对性放电试验,放出标称容量的 30%～40%。

　　②2 V 蓄电池从投入运行后的第 6 年起,12 V 蓄电池从投入运行后的第 3 年起,每年应进行一次容量试验。

　　③蓄电池放电期间,应每小时测量一次端电压和环境温度,2 V 蓄电池放电终止电压不得低于 1.80 V,12 V 放电终止电压不得低于 10.8 V。

　　(10)密封阀控式蓄电池组实际容量低于 80%标称容量,或多块单体电池出现跑酸漏液、外壳膨胀等质量强度下降情况,通过单体电池更换不能恢复整组电池质量强度时,应安排整组更换。整组蓄电池更换周期一般应在 5 年以上。

四、检查与维护

1. 每月检查项目(见表 5—9)

表 5—9　每月检查项目

项　目	内　容	基　准	维　护
蓄电池组浮充总电压测试	测量蓄电池组正负极端电压	单体电池浮充电压×电池个数	将偏离值调整到基准值
电池组浮充电流测试	测量电池组浮充电流	电流应采用 $0.1C_{10}$,严禁超过 $0.25C_{10}$	将偏离值调整到基准值
蓄电池外观	检查电池壳、盖有无漏液、鼓胀及损伤	外观正常	外观异常先确认其原因,若影响正常使用则加以更换
电池组检查、清扫	检查有无灰尘污渍	外观清洁	用湿布清扫灰尘污渍
机柜、机架维护	检查机柜、架子、连接线、端子等处有无生锈	无锈迹	出现锈迹则进行除锈、更换连接线、涂拭防锈剂等处理
连接部位	检查螺栓螺母有无松动	连接牢固	拧紧松动的螺栓螺母
直流供电切换	切断交流,切换为直流供电	交流供电顺利切换为直流供电	纠正可能偏差

2. 每季度检查项目(见表 5—10)

除了每个月检查维护项目外,增加以下一项内容:

表 5—10　每季度检查项目

项　目	内　容	基　准	维　护
全组各电池单体浮充电压及温度测试	测量蓄电池组每个电池的端电压	温度补偿后的浮充电压值 $\pm 50\,mV$	超过基准值时,对蓄电池组放电后先均衡充电,再转浮充观察 1～2 个月,若仍偏离基准值,请与地区技术支援联系

3. 每半年检查项目(见表 5—11)

除了每季度检查维护项目外,增加以下一项内容:

表 5—11　每半年检查项目

项　目	内　容	基　准	维　护
电池组均衡充电	密封阀控式蓄电池的浮充电压和均充电压必须满足电池生产厂家和通信设备供电的技术要求	一般浮充电压(48 V 电池组)应为 53.52～54.48 V,均充电压为 55.2～56.4 V	将偏离值调整到基准值

4. 每年度检查项目(见表 5—12)

除了每季度检查维护项目外,增加以下两项内容:

表5－12　每年度检查项目

项　目	内　容	基　准	维　护
核对性放电试验	断开交流电带负载放电,放出蓄电池额定容量的30%～40%	放电结束时,蓄电池电压应大于1.95 V/单格	低于基准值时,对蓄电池组放电后先均衡充电,再转浮充观察1～2个月,若仍偏离基准值,请与地区技术支援联系
连接排电压降测试	2 V蓄电池在投入运行后的前5年,12 V蓄电池在投入运行后的前两年,每年应以实际负载进行一次核对性放电试验,放出标称容量的30%～40%	2 V蓄电池从投入运行后的第6年起,12 V蓄电池从投入运行后的第3年起,每年应进行一次容量试验	蓄电池放电期间,应每小时测量一次端电压和环境温度,2 V蓄电池放电终止电压不得低于1.80 V,12 V放电终止电压不得低于10.8 V

五、蓄电池维护项目

1. 电池端电压

检测标准:全组各单体电池端电压的最小值不低于2.18 V/节。

检测工具:数字万用表。

测试方法:逐节电池测量。测量包括三种状态:充电过程完成时各单体电压;放电20%以上时各单体电压;均衡充电时各单体电压。不论在那种状态下检测到某节电池电压异常,均需要对该电池作单独补充电或更换处理,以保证整组电池性能一致。

2. 电池连接(牢固、腐蚀)

检测标准:电缆连接牢固;充放电电缆护层无老化、龟裂现象;均衡充电时电缆无明显发热。

检测方法:通过视觉和触觉判断。

3. 电池外观结构

检测标准:电池外形无鼓胀变形;电池壳体无漏液痕迹。

检测方法:视觉判断。

4. 放电维护

维护要求:试验性维护,基本要求是:

(1)每年应以实际负荷做一次核对性放电试验,放出额定容量的30%～40%。

(2)每3年应做一次容量试验。使用6年后宜每年一次。

(3)蓄电池放电期间,每小时应测量一次端电压、放电电流。

表5－13　阀控式密封铅酸蓄电池容量、放电电流、放电终止电压

放电率	容量(A·h)	放电电流(A)	放电终止电压(V)	备　注
10小时率	C_{10}	$I_{10}=C_{10}/T_{10}$	1.80	本标准为邮电部通信行业标准 YD/T 799 2002《通信用阀控式密封铅酸蓄电池技术要求和检验方法》
3小时率	$C_3=0.75C_{10}$	$I_3=2.5I_{10}$	1.80	
1小时率	$C_1=0.55C_{10}$	$I_1=5.5I_{10}$	1.75	

注:C_{10}、C_3、C_1分别是10小时率、3小时率、1小时率容量。

I_{10}、I_3、I_1分别是10小时率、3小时率、1小时率容量放电电流。

T_{10}为10小时率放电时间。

表5-14　10 h放电率下的电解液温度和蓄电池容量

电液温度(℃)	电池容量百分比(%) (以25℃容量为额定容量100%)	备　　注
40	107.5	按规定液温高于25℃时,实放电量应不大于额定容量100%
35	106	
30	103	
25	100	
22.5	98	
20	96	
17.5	93.5	
15	91	
12.5	88	
10	85	
7.5	82	
5	78	
2.5	75	按电池室内温度规定蓄电池工作温度应不低于5℃
0	72	
-5	65	
-10	58	
-15	50	比重1.160～1.210范围内液温低于-15～+25℃时,蓄电池将因硫酸溶液结冰而工作失效
-20	42.5	
-25	34	

本章小结

1.蓄电池是通信电源系统中直流供电系统的重要组成部分。在市电正常时,与整流器并联运行,起平滑滤波作用;当市电异常或在整流器不工作的情况下,则由蓄电池单独供电,担负起对全部负载供电的任务,起到备用作用。

2.阀控式密封铅酸蓄电池的特点为:蓄电池出厂,安装后即可使用;无需添加水和酸,不漏液、无酸雾;化学稳定性好;电池寿命长;体积小、重量轻、自放电低。

3.阀控铅蓄电池的基本结构:正负极板组、隔板、电解液、安全阀及壳体,此外还有一些零件(如端子、连接条、极柱等)。

4.阀控铅蓄电池按不同用途和外形结构分有固定型和移动型两大类。

5.阀控铅蓄电池的充放电工作原理可用以下化学反应方程式来说明:

　（正极）　　（电解液）　（负极）　　　（正极）　　（电解液）　（负极）

$$PbO_2 \ + \ 2H_2SO_4 \ + \ Pb \ \xrightarrow[\text{充电}]{\text{放电}} \ PbSO_4 \ + \ 2H_2O \ + \ PbSO_4$$

　二氧化铅　　硫酸　　海绵状铅　══　硫酸铅　　　　水　　　硫酸铅

6.阀控蓄电池的氧循环原理就是:从正极周围析出的氧气,通过电池内循环,扩散到负极被吸收,又化合为液态的水,经历了一次大循环。

7.额定容量是指制造电池时规定电池在一定放电率条件下,应该放出最低限度的电量。实际容量,是指在特定的放电电流,电解液温度和放电终了电压等条件下,蓄电池实际放出的电量,它不是一个恒定的常数,受放电率、放电温度、电解液浓度和终了电压等因素的影响。

8.蓄电池失效是指电池性能逐渐退化,直至不能使用。有失水、早期容量损失、热失控、板栅的腐蚀与变形、负极硫酸化、隔板质量下降等原因。

9.阀控密封铅酸电池不应专设电池室,而应与通信设备同装一室。安装方式要根据工作场地与设施而定。

10.通信用蓄电池的充电方式主要是浮充充电和均衡充电两种方式。为了延长阀控电池的使用寿命,必须了解不同充电方式的充电特点和充电要求,严格按照要求对蓄电池进行充电。

11.阀控式铅酸蓄电池在维护过程中的注意事项。

12.VRLA蓄电池对充电设备的技术要求有:稳压精度、自动均充功能、电压－温度补偿功能、限流功能和智能化管理功能等。

13.VRLA蓄电池的定期测量项目:端电压的均匀性、标示电池的选定、电池极柱压降的测量、电池极柱温升的测量、VRLA蓄电池全容量测试、蓄电池单组离线操作等。

复习思考题

1.简述蓄电池组在通信工作中起的作用及蓄电池的分类。

2.阀控式铅酸蓄电池是由哪些部分组成的? 各部分的作用如何?

3.写出阀控铅蓄电池充放电时的化学反应方程式,并说明正负极板上主要物质的变化情况。

4.什么是阀控蓄电池的氧循环原理?

5.什么叫阀控蓄电池的额定容量?

6.实际容量受哪些因素的影响?

7.大电流放电时为何将放电终了电压设置得低些?

8.小电流放电时为何将放电终了电压设置得高些?

9.阀控铅蓄电池失水的主要原因是什么?

10.热失控会对蓄电池造成什么危害?

11.引起阀控蓄电池硫酸化的主要原因是什么?

12.阀控铅蓄电池浮充电流设定的依据是什么?

13.阀控铅蓄电池浮充电压为何要进行温度补偿?

14.阀控铅蓄电池为何应定期进行均衡充电?

15.VRLA蓄电池对充电设备的技术要求有哪些?

16.蓄电池智能化管理功能包括哪些内容?

17.如何判断蓄电池端电压的均匀性是否合格? 需在什么条件下检测?

18.简述蓄电池单组离线操作的步骤。

19.蓄电池组中的标示电池是如何选定的?

20.蓄电池组为何要测量极柱压降? 说出测试的方法与注意事项。

21.蓄电池组为何要进行电池极柱温升的测量? 说出测试的方法与注意事项。

22.铅酸蓄电池容量选择计算题:一48V直流电源系统,电源功率600W,要求备电时间10h,蓄电池放电终止保护电压为43.2V,线路压降1.8V(假定),通过计算选择合适的蓄电池容量,并提出配置建议。

23.简述铅酸蓄电池工程安装流程(可以画流程图)及有关注意事项。

第六章

UPS 技术

UPS 就是不间断电源，它的英文名为 Uninteruptible Power System，UPS 是一种储能装置，以逆变器为主要元件、稳压稳频输出的电源保护设备，它可以解决现有电力的断电、低电压、高电压、突波、杂讯等现象，使通信系统运行更安全可靠。现在已经广泛应用于通信行业，如图 6-1 所示。

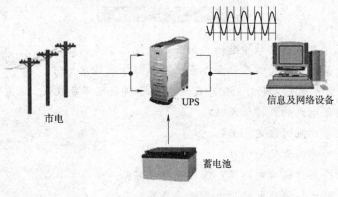

图 6-1　UPS 功能

第一节　UPS 基础知识

一、基本概念

V・A(APPARENT POWER)——视在功率，其功率的变化与 RMS(Root Mean Spuare)的电压和电流有绝对的关系。

W——有功功率，是负载真正吸收转换的能量部分，它组成了视在功率的一部分。

Var——无功功率，它不为负载所吸收，因此称为无功功率，它组成了视在功率的另一部分。

A・h——反映电池容量大小的指标之一，其定义是按规定的电流进行放电的时间。相同电压的电池，安时数大的容量大；相同安时数的电池，电压高的容量大。通常以电压和安时数共同表示电池的容量，如：12 V/7 A・h，12 V/24 A・h，12 V/65 A・h，12 V/100 A・h。

变压器：利用电磁感应原理，由铁芯和线圈构成，可分为一次侧线圈与二次侧线圈两个部分，一次侧输入电压，二次侧就有感应电压输出，从而进行电能传递。二次侧可提供多种电压输出，有升压，降压功能，因此变压器在电路中可以满足多种不同电压的电力需求。

充电器：用来对电池进行充电，使其充满电荷能量的一种装置。

电流峰值系数(CF):电流峰值系数是指电流周期波形的峰值与有效值之比。由于计算机性负载接受正弦波电压时其吸收的能量不一定按正弦规律,会产生较高的峰值电流(介于2.4～2.6倍的电流),因此,UPS 设计时应能提供 CF 值大于 3 的电流,以满足计算机性负载的应用。

浮充和均充:浮充和均充都是电池的充电模式。

(1)浮充工作原理:当电池处于充满状态时,充电器不会停止充电,仍会提供恒定的浮充电压与很小浮充电流供给电池,因为,一旦充电器停止充电,电池会自然地释放电能,所以利用浮充的方式,平衡这种自然放电。小型 UPS 通常采用浮充模式。

(2)均充工作原理:以定电流和定时间的方式对电池充电,充电较快,是专业维护人员对电池保养时经常用的充电模式,这种模式还有利于激活电池的化学特性。

智能型充电器具有根据电池工作状态自动转换浮充和均充的功能,可充分发挥浮充和均充各自的优势,实现快速充电和延长电池寿命。

高频机:利用高频开关技术,以高频开关元件替代整流器和逆变器中笨重的工频变压器的UPS 俗称高频机,高频机体积小、效率高。

工频机:采用工频变压器做为整流器和逆变器部件的 UPS 俗称工频机,主要特点是主功率部件稳定、可靠、过负荷能力和抗冲击能力强。

功率因数:对一台设备有输入功率因数和输出功率因数两个不同的参数,功率因数绝对值介于 0 和 1 之间,它是 W(有功功率)与 V·A(视在功率)之间的比数。输入功率因数越高表明 UPS 对电网利用效能越高,节能型 UPS 功率因数都在 0.9 以上。从输出端考虑,输出功率因数越高则 UPS 带载能力越强,反之输出功率因数越低,则表示 UPS 带载能力越弱。

国标插座:中国的标准插座形式,零、火线为"\/"字形排列,地线在"\/"的头部。

简单网路管理协定(SNMP):是一种广泛使用的网管协定,它可以帮助网管人员管理TCP/IP 网路中各种装置,而且没有繁复的指令,在基本的概念上只有 FETCH—STORE(存—取)两种指令,简单、稳定、灵活则是其最大的优点。

美标插座:美国的标准插座形式,零、火线为"11"字形排列,地线在"11"的头部。

旁路:在 UPS 的功能为:当 UPS 本身故障时,借由 UPS 内部的继电器(RELAY)自动切换至市电,由旁路电路持续供应电力给负载设备,使 UPS 不会因此造成电力中断。由此可以延长电池的寿命,并确保电池始终维持最佳状态。

二、UPS 分类

常用 UPS 产品有艾默生产品、Liebert 产品、APC 产品、SANTAK 产品等,从机械的角度来看,UPS 可分为旋转型和静止型两大类。旋转型现已较少使用,目前广泛应用的 UPS 属于静止型 UPS。

静止型 UPS 采用精密的电子元器件,同时利用电池的储能给设备供电。市电正常时将市电转化为化学能储存起来;当市电不正常时,由化学能转化为电能给设备供电。

由于静止型 UPS 可按多种性能特点进行分类,而这些分类方式对于 UPS 选型应用有着较大的意义,以下对各种 UPS 分类进行逐一说明:

1. 按配电方式分类

根据用户的不同配送系统,有三种 UPS 机型可供用户选择,这种划分与 UPS 的输出功率有关,其分类如下:

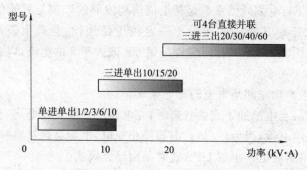

图 6-2　不同配送系统 UPS 分类

（1）单进/单出机型：选用此机型时，用户无需考虑 UPS 输出端的负载均衡分配问题，但必须考虑市电配电的三相均衡带载问题。

（2）三进/单出机型：此种机型的交流旁路市电输入的相线和中线配置可单相承担 UPS 额定输出电流的导线截面积，防止三相电压不平衡时中线电流过大。

（3）三进/三出机型：输入要求同（2）；另外还要将 UPS 输出端的负载不平衡度控制在标准规定的范围之内。

鉴于计算机和通信设备等非线性负载均是属于"整流滤波型"负载，从而造成流过供电系统中的中线电流急剧增大，为防止因中线过热或中线电位过高而造成不必要的麻烦，应将中线的截面积加粗为相线的 1.5～2 倍。

2. 按工作方式分类

从技术上讲，静止型 UPS 分为三类：后备式（OFF LINE）、在线式（ON LINE）和在线互动式（LINE INTERACTIVE）。

（1）后备式原理框图如图 6-3 所示。

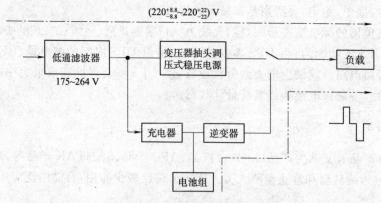

图 6-3　后备式原理框图

后备式性能见表 6-1。

表 6-1　后备式 UPS 性能表

项　　目	后备式 UPS
容量范围	0 至几千伏安，多为 1kV·A 以下且多为 500 V·A
技术特征	多为准方波输出，对市电没有净化功能；逆变器为后备工作方式，掉电转逆变工作有时间间隔

续上表

项　目	后备式 UPS
结构	采用工频变压器来进行能量传递,电源笨重而且体积大
优点	价格便宜、结构简单、可靠性高
缺点	没有净化功能,稳压特性差,掉电切电池有间断时间
适用场合	只能处理断电问题,仅适合比较简单、不很重要的环境使用,如办公或家用 PC,不重要的网上终端等

(2)在线互动式原理框图如图 6－4 所示。

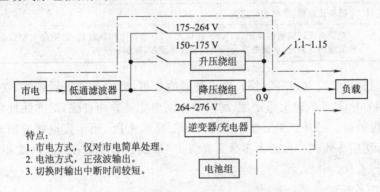

特点:
1. 市电方式,仅对市电简单处理。
2. 电池方式,正弦波输出。
3. 切换时输出中断时间较短。

图 6－4　在线互动式 UPS 原理框图

在线互动式性能见表 6－2。

表 6－2　在线互动式 UPS 性能表

项　目	在线互动式 UPS
容量范围	多在 5 kV·A 以下
技术特征	充电器与逆变器合为一体,没有整流环节,输出电压分段调整,工作在后备方式。当输入变压器抽头跳变时,功率单元作为逆变器工作一段时间,弥补继电器跳变过程中的输出供电的间断
结构	使用工频变压器,电源笨重、体积大
优点	可靠性较高,结构紧凑,成本较低
缺点	后备工作方式,净化功能差,掉电切电池有间断时间
适用场合	能满足大多数的要求,如网上路由器、集线器、终端、办公及家用 PC,但不适合大型数据网络中心和其他关键用电领域

(3)在线式原理框图如图 6－5 所示。

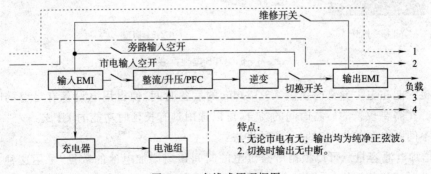

特点:
1. 无论市电有无,输出均为纯净正弦波。
2. 切换时输出无中断。

图 6－5　在线式原理框图

在线式性能表见表 6－3。

表 6－3　在线式性能表

项　目	在线式 UPS
容量范围	几百伏安到几百千伏安(单机)
技术特征	输出正弦波,逆变器主供电,掉电转电池没有中断时间,对市电进行完全净化
结构	绝大部分采用的是高频变换技术,能量的变换也都使用的是高频变压器来完成的,体积小、重量轻、噪声低
优点	对市电完全净化
缺点	价格比较贵,效率相对较低
适用场合	提供全面而彻底的保护,10 kV·A 以上 UPS 大都采用这种技术,适合大型数据网络中心和其他关键用电领域,如服务器及其他重要仪器设备,控制系统等

根据负载对输出稳定度、切换时间、输出波形的要求,确定是选择后备式、在线互动式、在线式 UPS。在线式 UPS 的输出稳定度、瞬间响应能力比另外两种强,对非线性负载及感性负载的适应能力也较强。另外如果要使用发电机带短延时 UPS,由于发电机的输出电压和频率波动较大,推荐使用在线式。目前大多数为在线式 UPS,也有少量在线互动式和后备式 UPS,可根据需要进行选择。

3. 按逆变工作延时时间分类

按逆变工作时满负荷条件下允许供电时间的长短,UPS 可以分为标准机型和长延时机型。

标准机型电池在 UPS 的腔体内;长延时型电池需要外加电池箱(柜),如图 6－6 所示。

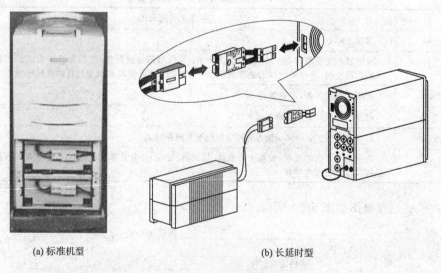

(a) 标准机型　　　　　　　　　　　　(b) 长延时型

图 6－6　UPS 电池配置

标准机型能在电力异常时提供 7～15 min 的后备时间,使得用电设备有足够的时间实施应急措施。在需要较长的后备时间的场合,可以选用具有长延时功能的 UPS。

延长不间断电源的供电时间有两种方法:

(1) 增加电池容量。可以根据所需供电的时间长短增加电池的数量,采用这种方法会造成电池充电时间的相对增加,同时也会增加相应的维护设备的数量、增大产品体积,造成 UPS

整体成本提高。

（2）选购容量较大的 UPS。采用这种方法不仅可以降低维修成本，如果需要扩充负载设备，较大容量的不间断电源仍可正常工作。

一般长延时机型延时时间有 0.5 h、1 h、2 h、4 h、8 h 等，可以根据设备需求进行选择。

4. 按输出容量分类

按输出功率大小可分为中小容量 UPS（10 kV·A 及以下）和大容量 UPS（10 kV·A 以上）。中小容量 UPS 包括后备式、在线互动式和在线式；大容量 UPS 一般为在线式。当设备需求容量大时，可以选用单机容量较大的 UPS，也可以选择多台中小容量 UPS 进行并联冗余实现。但推荐使用单台大容量 UPS，因为采用单台容量较大的 UPS 集中供电方式，不仅有利于集中管理 UPS，有效利用电池能量，而且降低了 UPS 的故障率。

三、UPS 中的蓄电池

UPS 一般使用阀控式密封铅酸蓄电池，由于采用阴极吸收式密封技术，具有维护简单、无需加水加酸、使用方便、不污染环境、重量轻和体积小等优点。

在关闭状态下进行存储且不加电，不带负载的情况下，UPS 的存储寿命在很大程度上取决于环境的温度，并且对于不同的 UPS 型号来说也略有不同。在所有的 UPS 产品中使用的电池都有一种"自行放电"的特性，这是指电池的自然损耗的电量，这种情况即使在电池没有连接到任何物体上时也会发生。在 20 ℃时，一个电池每个月会损失 3%的电量，而在 40 ℃时，一个电池每个月会损失掉 10%的电量。

假若 UPS 将要被存储很长的一段时间，为了保持电池自行放电不超过安全限额，推荐执行以下程序：

1. 如果在存储过程中周围的温度在 $-15 \sim +30$ ℃之间的话，那么至少每 6 个月应该进行一次完全的补充电过程。

2. 在周围温度介于 $+30 \sim +45$ ℃的环境中，应该至少 3 个月进行一次完全的补充电过程。

须注意的是，UPS 选型时对于蓄电池的详细要求（入网证、品牌等）一定要详尽，避免出现不必要的选型错误。

四、UPS 的监控

一般的 UPS 都有监控功能，简单监控通过 DB－9 接头，用 RS-232 实现；复杂和高智能化情况，选用 SNMP（Simple Network Management Protocol）卡进行网络监控，如图 6－7 所示。

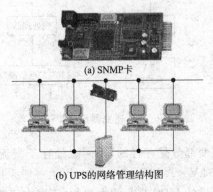

(a) SNMP 卡

(b) UPS 的网络管理结构图

图 6－7　UPS 的网络管理

SNMP卡——UPS网络的智能触角,其作为第一个10 M/100 M自适应商用适配卡,提高了网络传输效率,实现了在线热插拔,纯软件设置,使固件网上即可在线升级,高速、高性能的CPU(50 MHz),全面地提升了运算速度,支持多语言且有三级的安全管理。

第二节　逆变器基础知识

逆变器Inverter,是将直流电(DC)转换成交流电(AC)的变换器。逆变器的性能各有不同,输出的交流电波形有阶梯波与正弦波两种,失真系数(THD)也因逆变器其性能各有不同。

一、原　　理

现在使用的逆变器有两种结构,原理如图6-8所示。

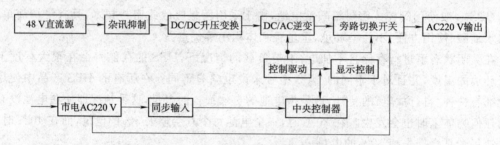

图6-8　逆变器原理框图结构

图6-8这种结构的交流旁路不经过逆变器处理,与负载是直通的。

图6-9这种结构的逆变器交流旁路经过逆变器内部整流、逆变,对市电具有净化功能。

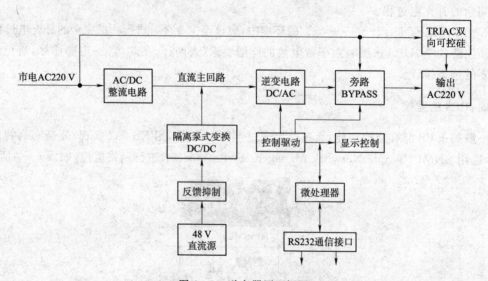

图6-9　逆变器原理框图

这两种结构的逆变器,逆变部分是一样的,不同之处在于交流旁路功能。原理图6-8所示的结构一般输出功率在1.5 kV·A以下,3 kV·A以上一般采用原理图结构6-10所示,原理图6-9所示的结构与一般讲的UPS是非常类似的,不同在于直流输入的接入方式。

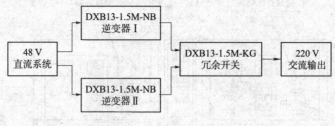

图 6—10 冗余式逆变器原理

二、冗余式逆变器原理

两台 1500 V·A 的 DC48 V/AC220 V 逆变器的输出送至冗余开关,在逆变器Ⅰ、Ⅱ输出正常时,交流输出由逆变器Ⅰ供电;在逆变器Ⅰ输出异常时,冗余开关在 10 ms 内将交流输出切换至逆变器Ⅱ供电,实现不间断备份转换供电。冗余式 1.5 kV·A 逆变器前面板图如图 6—11 所示。

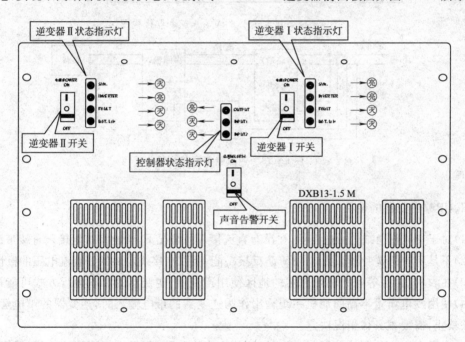

图 6—11 冗余式 1.5 kV·A 前面板图

接线方式参考图,如图 6—12 所示。

三、逆变器串联热备份

逆变器在未得到确认前禁止直接并联使用,其串联热备份原理框图如图 6—13 所示。

将主机的旁路输入由原来接市电改为接在从机的 UPS 输出,即构成串联热备份。

当主机出现故障时,主机将自动切换到旁路状态,此时从机输出承受负载,负载仍处于 UPS 逆变状态,从而保障设备安全运行,若主机处于旁路,从机又出现故障,则由市电来承受负载。

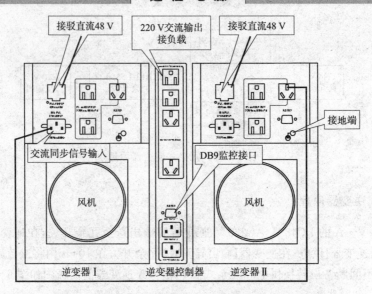

图 6-12　冗余式 1.5 kV·A 逆变器接线图

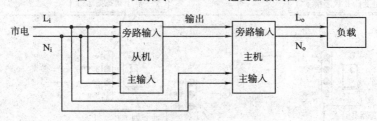

图 6-13　逆变器串联热备份

四、UPS/逆变器的使用

（1）对于交流直通结构的逆变器，在没有直流接入的情况下，禁止将市电接入直接带载使用。

（2）不是所有的逆变器都具有 48 V 防反接功能，所以在接线前要保证直流电压的极性正确。

（3）在农村、山区等电力环境恶劣的地区使用逆变器，逆变器的市电运行方式可能被禁止。

（4）使用发电质量不高的油机系统输出作为逆变器的市电输入时，逆变器的市电运行方式可能被禁止，需要视具体情况决定。

（5）在没有市电的环境使用时，逆变器可能有声音告警，如果需要取消该功能，需要向逆变器厂家咨询，并由资深电源工程师进行操作。

第三节　UPS/逆变器选型

一、选型基本原则

当电源中断需要立即提供电力以维持设备正常运行或电源品质不稳定需要提供稳定、纯净的电源时，考虑选用 UPS/逆变器。

为适应产品全球化，UPS/逆变器选型应遵循以下基本原则：

1. 安规认证

对于 UPS/逆变器的选型，在选型阶段应该考虑到 UPS 的安规认证，以适应公司产品的全球化的发展趋势;要满足当地安规标准,一般为各国广泛接受的安规认证类型有 UL(北美)、CSA(加拿大)、TUV(德国)、CE(欧盟)等,我国采用 3C(China Compulsary Certification),见表 6-4。

表 6-4 安规及标识

安全标准	标 识
UL 1950	UL (CUL) *
IEC 60950	TUV or VDE
CSA C22.2 107.1	CSA
CCEE	CE Mark

* CUL 和 CSA 都是加拿大安规标志,只是认证机构不同,有其中一个就可以。

2. EMC 要求

由于需要限制电源设备对于电网的影响,现阶段世界各国正在强行推行设备的 EMC 要求,对 UPS 也不例外,因此一般要求 UPS/逆变器也应通过相应的认证,以下的 EMC 性能指标要求是必需的。

3. 输出容量

应根据所用设备的负荷量统计值来选择所需的 UPS/逆变器输出容量(kV·A 值)。为确保 UPS 的系统效率高和尽可能地延长 UPS 的使用寿命,推荐参数是:用户的负荷量占 UPS 输出容量的 90% 为宜,但最大不能超过标称值。

UPS/逆变器输出容量包括有功和无功两部分,总体上体现为视在功率(V·A),三者成三角关系,一般要求有功功率小于 UPS 输出有功功率,UPS/逆变器输出有功功率在厂家资料中可以查到,若查不到可以用 UPS/逆变器输出容量乘以输出功率因数得到。

4. 输入电压

世界上各国电网电压主要分为 LV(低压)系列和 HV(高压)系列。一般而言,LV 系列包括 100/110/120/127 四个等级,可接受的最高输入电压为 AC140 V;HV 系列包括 208/220/230/240 四个等级,可接受的最高输入电压 AC276 V。

5. 输入频率

输入电压频率分为 50 Hz 和 60 Hz 两种,无论是 LV 系列还是 HV 系列都有使用。根据以上输入电压和频率的分类,选用 UPS 时需要针对产品销售区域的电网特征进行判别。

6. 输出功率因数

输出功率因数代表适应不同性质负载的能力。UPS 工作时不仅向负载提供有功功率,同时还提供无功功率(对于容性负载或感性负载)。当电路中接有开关电源等整流滤波型非线性负载时,还需要考虑电流 THD(Total Harmonic Distortion)的影响。一般认为,带容性负载(开关电源等)时 UPS 输出功率因数在 0.6 到 0.8 之间为宜;带感性负载(风扇、电灯等)时 UPS/逆变器输出功率因数在 0.3 左右为宜。因此在 UPS/逆变器选型时,应考虑到负载功率因数问题。

7. 油机适应能力

由于发电机输出波形差,某些 UPS 在作为发电机的负载时跟踪能力不足。在停电较长的地区,如果发电机经常作为电网的后备,则需要选择对油机适应能力强的 UPS。

8. 输入/输出插头/插座

世界各国电源插头插座差异很大,而且标准和规定各式各样,因此在选用 UPS 时需要针对各地情况进行判断,选择符合销售区域要求的 UPS/逆变器。关于插头插座可参考《国际化电源插头插座系统选型指导书》。

9. 智能管理和通信功能

用户需要在计算机网络终端上实时监控 UPS 的运行参数(如:输入、输出的电压、电流和频率,UPS 电池组的充电、放电和电压值显示,UPS 的输出功率及有关的故障、报警信息)时,可以选用提供 RS-232、DB-9、RS-485 通信接口功能的 UPS。对于要求能执行计算机网控管理功能的用户,还可配置简单网络管理协议(Single Network Management Protocol,SNMP)卡配套运行。

10. 产品的先进性

在产品初期 UPS/逆变器选型时,一定要明确产品的市场定位,不局限于当前的市场需求进行选型,以方便将来其他产品选用 UPS/逆变器。

11. 产品的性价比

综合考虑性价比因素,选用具有高稳定性和高可靠性的 UPS/逆变器。

二、UPS/逆变器选型

1. 类型选择

根据设备要求选择在线式、在线互动式还是后备式 UPS。在线式 UPS 输出正弦波,逆变器主供电,掉电转电池没有中断时间,对市电进行完全净化。在线互动式 UPS 的充电器与逆变器合为一体,没有整流环节,输出电压分段调整,工作在后备方式。后备式 UPS 多为准方波输出,对市电没有净化功能;逆变器为后备工作方式,掉电转逆变工作有时间间隔。

对于一个由多台计算机和若干服务器组成的中小网络,或对多个工作站采用集中供电的保护方式,数据中心和关键性设备需要 24 h 不间断地获得恒定高质量的电源,推荐选用在线式 UPS。对于家庭办公或对工作站采用分散供电保护方式,推荐采用后备式或在线互动式。另外,还需要根据自身设备的要求,对短时间型或长延时型 UPS 做出选择。

通信设备要求符合邮电系统的输入输出特性要求,选用的 UPS 必须符合通信交直流供电体制,不能影响其他通信设备的运行。

2. 容量选择

UPS/逆变器一般按标称额定功率的 90% 的负载设计负载能力。

3. 发展选择

根据提高效率和可靠性,减小体积重量,降低成本,延长蓄电池寿命和电源智能管理的要求,UPS 近期的发展趋势为高频化、DSP 数字控制、智能网络监控、网络化、电池智能管理、并联冗余设计及输入功率校正等技术的应用。

4. 电池配置方法

阀控式密封铅酸蓄电池的容量应根据式(6-1)计算结果加以确定:

$$C = \frac{W \times T \times 1.25}{V_f \times K_1 \times [1-(25-t) \times K_2]} \tag{6-1}$$

由此推出备电时间计算公式为

$$T = C \times V_f \times K_1 \times [1-(25-t) \times K_2] / (W \times 1.25)$$

25 ℃时,公式简化为

$$T = C \times V_f \times K_1 / (W \times 1.25)$$

式中 C——蓄电池容量,A·h;

   W——负载功率,W;

　　T——备电时间,h;

　　t——环境温度/℃;

　　V_f——放电终止电压,V(一般取 10.8/12 V 电池,如 48 V 系统一般取 $V_f=43.2$ V,72 V 一般取 64.8 V);

　　K_1——蓄电池效率:

　　　　　$T<3$ h,$K_1=0.5\sim0.6$;

　　　　　3 h$\leqslant T\leqslant5$ h,$K_1=0.75\sim0.8$;

　　　　　5 h$\leqslant T<10$ h,$K_1=0.85\sim0.9$;

　　　　　$T\geqslant10$ h,$K_1=1$;

　　K_2——温度系数:

　　　　　放电电流 $I\leqslant0.1C$,$K_2=0.006$;

　　　　　放电电流 $0.1C<I\leqslant0.5C$,$K_2=0.008$;

　　　　　放电电流 $I>0.5C$,$K_2=0.01$。

　　AC220 V,0.5 A 工作时,设备需求功率为 $220\times0.5=110$ W,此时 UPS 效率为 0.65,电池输出功率为 $110/0.65=169$ W,26 A·h 电池备电时间计算为

　　新电池:$T=C\times V_f\times K_1/W=26\times64.8\times1/169=10$ h。

　　旧电池:$T=C\times V_f\times K_1/(W\times1.25)=26\times64.8\times1/(169\times1.25)=8$ h 该时间为电池寿命终止时(容量下降至 80%)的备电时间,一般选型计算以此为准,可用于向用户承诺。

　　注意:UPS 效率必须考虑。

　　简化计算,UPS 电池安时数为

$$X=(S\times0.7\times T)/(\eta\times V_{bat})=P\times T/(\eta\times V_{bat})$$

UPS 容量	S	单位 V·A
UPS 输出功率	P	单位 W
输出功率因数	$\cos\varphi$	$1\sim20$ kV·A 为 0.7
		$20\sim120$ kV·A 为 0.8
效率	η	
电池电压	V_{bat}	单位 V
后备时间	T	单位 h

电池容量是按照有功功率进行计算的。

三、UPS 选型

　　(1)UPS 不仅可以使供电不间断,而且可以净化市电,在对电网要求高而当地电能质量又不高地情况下,可以考虑选用 UPS。

　　(2)UPS/逆变器,选型时要明确当地电压情况,比如,AC110 V 或 AC220 V。

　　(3)长延时机的外挂电池在不同国家有特殊需求,要调查明确。

　　(4)UPS/逆变器能提供的容量有有功功率(W)和总功率(V·A)限制,选择容量时,要对有功功率进行核算,有功功率小于总功率,一般可粗略估算如下:有功功率=$(0.6\sim0.8)\times$总功率。

　　(5)UPS 有标机和长延时机,充分考虑用户重要程度选择不同延时机型,标机一般延时 $7\sim15$ min,长机理论上讲可以无限延时,延时长短由外挂电池多少决定,受成本和空间限制,一般有 1 h、2 h、4 h、8 h 等几种。

（6）UPS工作方式有后备式、在线互动式、在线式，功能按照上面顺序逐渐增强，对用户要求高的地方应该选择在线式。

（7）感性负载一般不推荐用UPS/逆变器，带感性负载时UPS/逆变器输出功率因数在0.3左右为宜。

（8）选用UPS/逆变器是否需要冗余方案。

（9）在产品初期UPS/逆变器选型时，一定要明确产品的市场定位，不局限于当前的市场需求进行选型，以方便将来其他产品选用UPS/逆变器。

四、UPS/逆变器使用环境

UPS/逆变器一般要求使用在海拔高度在3 000 m以下，环境温度0～＋40 ℃，相对湿度≤95%（25 ℃，无凝结），工作环境无剧烈振动、冲击、无导电爆炸尘埃、无腐蚀金属和破坏绝缘的气体和蒸汽。

UPS使用的温度条件实际上很大程度取决于蓄电池，无论UPS的充电器是否具有充电温度补偿功能，都必须将UPS用的蓄电池置于合适温度范围的环境。过低的环境温度会造成蓄电池的放电容量下降，当温度超过25 ℃时，会造成蓄电池的使用寿命被缩短，使用时需注意。

对于使用环境超过上述条件或有在室外使用的情况，可以联系生产厂商进行特殊处理，通过模拟和实际环境试验后，亦可选用。

第四节　UPS 操作

在线式UPS为通信应用中较多见的，下面我们对它日常的操作做一些介绍。UPS可处于下列3种运行方式之一：

（1）正常运行——所有相关电源开关闭合，UPS带载。

（2）维护旁路——UPS关断，负载通过维护旁路开关连接到旁路电源。

（3）关断——所有电源开关断开，负载断电。

本节介绍上述三种运行方式之间互相切换、复位及关断逆变器的操作。

一、UPS开机加载步骤

图6－14为在线式UPS各操作开关示意图。

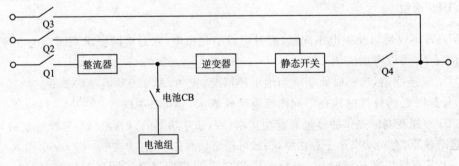

图6－14　在线式UPS各操作开关示意图

UPS开机加载时，假设UPS安装调试完毕，市电已输入UPS。

(1)合静态旁路开关 Q2。

(2)合整流器输入开关 Q1。

(3)合 UPS 输出电源开关 Q4。

(4)手动合电池开关。

在合电池开关前,检查直流母线电压,若电压符合要求(380 V 交流系统为 DC432 V,400 V 交流系统为 DC446 V,415 V 交流系统为 DC459 V),方可合电池开关。

二、UPS 从正常运行到维修旁路的步骤

负载从 UPS 逆变器切换到维修旁路,这在 UPS 需要维护时有用。

负载由逆变器切换到静态旁路的操作过程如下:

(1)关断 UPS 逆变器,负载切换到静态旁路。通常在主菜单上可以操作关断 UPS 逆变器。

(2)取下 Q3 手柄上的锁,并扳动 Q3 内的锁定杆,然后闭合维护旁路开关 Q3。断开整流器电源输入开头 Q1,UPS 电源输出开关 Q4,静态旁路开关 Q2 和电池开关,UPS 已关闭,但市电通过维护旁路向负载供电。

三、UPS 在维修旁路下的开机步骤

UPS 在维修旁路下的开机步骤包括如何启动 UPS,并把负载从维修旁路切换到逆变器。

(1)闭合 UPS 输出开关 Q4 和静态旁路开关 Q2。

(2)闭合整流器输入电源开关 Q1,整流器启动并稳定在浮充电压,可查看浮充电压是否正常。

(3)闭合电池开关。

(4)断开维护旁路开关 Q3 并上锁。

四、UPS 关机步骤

(1)断开电池开关和整流器输入电源开关 Q1。

(2)断开 UPS 输出开关 Q4 和旁路电源开关 Q2。

(3)若要 UPS 与市电隔离,则应断开市电向 UPS 的配电开关,使直流母线电压放电。

五、UPS 的复位

当因某种故障使用了紧急关机,待故障清除后,要使 UPS 恢复正常工作状态,需要复位操作,或在系统调试时,选择手动方式从旁路切换到逆变器,UPS 由于逆变器过温、过载、直流母线过压而关闭,当故障清除后,需要采用复位操作,才能把 UPS 从旁路切换到逆变器带载。

操作复位按钮使得整流器、逆变器和静态开关重新正常运行。若是紧急开关后的复位,则还需用手动合电池开关。

第五节　UPS 电源供电系统的配置形式

并机包含两层含义:冗余和增容。并机不一定是冗余的,并联的概念才是增容,而冗余的概念则是可靠性。如两台 30 kV·AUPS 并联给 40 kV·A 负载供电,只能说这两台实现了并联,但若其中一台因故障而关机,则余下的另一台也会因过载而切换到旁路上去,若负载为 15 kV·A 则一台因故停机时,不会切换到旁路上,而由另一台 UPS 继续供电,这就实现了冗

余。在实际工作中,应根据实际情况确定并机的目的是冗余还是增加可靠性。

现在大型 UPS 电源平均无故障时间(Meen Time Between Failure,MBTF)可达 20 万小时以上,但并不能确保故障率为零。在 UPS 电源中可采用具有容错功能的冗余配置方案来解决这个问题。如何解决好多台 UPS 电源以同频、同相、同幅运行是实现多台 UPS 冗余供电的关键。从冗余式配置方案来看,有这样几种方式:主机—从机型"热备份"UPS 供电方式;直接并机冗余 UPS 供电方式;双总线冗余供电方式。

在未明确之前,UPS 禁止直接并联使用。对供电质量要求很高的计算中心、网管中心,为确保对负载供电的万无一失,需要采用如下几种具有"容错"功能的冗余供电系统。

一、主机—从机型"热备份"UPS 供电方式

这是原于 UPS 电源的锁相同步控制技术还未完善到足以保证多台 UPS 的逆变器电源总是处于同相、同频的跟踪技术下常采用的方案。主机—从机型"热备份"UPS 供电方式如图 6—15 所示。图 6—15(a)中,UPS-2 中的逆变器电源 2 一直处于空载状态,只有当 UPS-1 故障时,UPS-2 才承担供电业务。

此方式的缺陷在于 UPS-2 长期处于空载状态,其电池寿命会缩短、容量会下降,且 UPS-2 得具有阶跃性负载承载能力,无扩容能力。为提高性价比,可采用图 6—15(b)所示的形式。UPS-1 和 UPS-2 作主机使用,而 UPS-3 作为二者的从机。这种冗余工作方式由于没有"扩容"功能和可能出现主机向从机切换时 4 ms 的供电中断,而使得其应用范围有限。

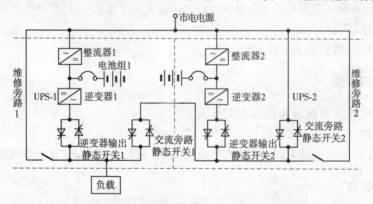

(a)由两台 UPS 电源所构成的"热备份"冗余供电系统

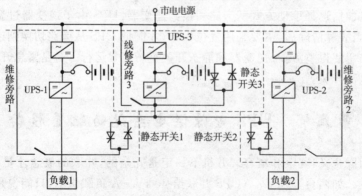

(b)由 3 台 UPS 电源所构成的"热备份"冗余供电系统

图 6—15　主机—从机型"热备份"UPS 供电方式

二、直接并机冗余供电方式

为克服主机—从机型"热备份"供电系统的弱点，随着 UPS 控制技术的进步，具有相同额定输出功率的 UPS 可直接并联而形成冗余供电系统。为保证高质量的并机系统，各电源间必须保持同频、同相且各机均流。"N＋1"型直接并联冗余供电系统：对于某些型号的UPS，可以将多台 UPS 以"N＋1"冗余方式直接并机工作。正常工作时，N＋1 台 UPS 同时提供负载电流，当其中一台出现故障时，由剩下的 N 台 UPS 承担全部负载。因此，"N＋1"冗余供电系统能承受的总负载为 N 台 UPS 容量之和。随着多机并机系统中的 N 数量增大，并机系统的平均无故障时间值会逐渐下降。因此，在条件允许时，应尽可能减少多机并机系统中的 UPS 单机的数量。一套设计完善的"N＋1"型并联冗余供电系统应完成以下的控制功能：

1. 锁相同步调节

为安全、可靠执行供电的切换，要求逆变输出频率及相位与旁路市电处于严格的锁定状态且对多台间的相位差进行微调，使相位差尽可能趋于零，从而实现冗余系统锁相同步的完善调节以防止并联系统出现环流。

2. 均流调节

均流调节应保证并机系统均衡承担总电流，因此 UPS 并机控制电路应对每台 UPS 的输出电压进行微调，以保持多台 UPS 电流输出的均衡度。

3. 选择性脱机跳闸功能

并机控制电路应正确判断出哪台 UPS 单机出现故障，并进行自动操作，向值机人员发出告警信号，以便及时检修。

4. 非冗余工作状况报警

若系统处于非冗余状况，并机控制电路应发出告警，提醒值机人员及时排除故障，恢复冗余供电状态，防止由于负载的变化切换到交流旁路供电系统。

5. 环流监控

环流的出现，将会导致 UPS 并机系统运行效率下降，加速单机老化，严重时造成向交流旁路系统切换或停止供电，因此必须对环流进行监控。

因 UPS 设计不同，直接并机方案有简单的直接并机方案、主动式的并机方案及输出端带"总线输出开关"冗余供电设计的直接并机方案。

三、UPS 开机技术

1. 简单的直接并机方案

各台 UPS 只实行与市电的跟踪同步，相互间对相位、电压不进行调节，因此易发生故障。

2. 主动式直接并机方案

各台 UPS 只实行与市电的跟踪同步，相互间对相位、电压不进行调整。

(1)"1＋1"型直接并机方案：如图 6—16 所示，"1＋1"并机板完成调节单机间的相位差，对输出电压进行微调，达到对负载的均衡供电并实行环流管理。

"1＋1"型直接并机冗余供电系统：它是将两台具有相同功率的 UPS 的输出置于同幅度、同相位和同频率的状态而直接并联起来的。正常工作时，由两台 UPS 各承担 1/2 负载电流，

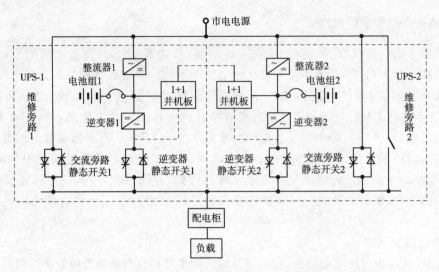

图 6－16　"1＋1"型直接并机方案

其中一台 UPS 出现故障时，由剩下的一台 UPS 来承担全部负载。这种并机系统的平均故障工作时间 MTBF 是单机 UPS 的 7～8 倍，从而大大提高系统的可靠性。

（2）"导航型"UPS 直接并机方案：如图 6－17 所示，它与"1＋1"型直接并机方案的区别在于将其中一台 UPS 单机作为具有优先同步跟踪市电的"导航 UPS"，其余 UPS 则去同步跟踪"导航机"，不直接同步跟踪市电电源。相对来讲，此系统不需要并机控制柜，但可能出现各机的相位差较大，环流偏大。

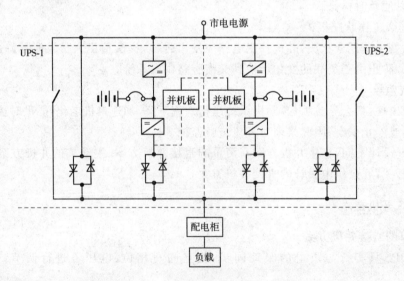

图 6－17　"导航型"UPS 直接并机方案

3．"热同步"并机技术

"热同步"，并机技术如图 6－18 所示，当两台 UPS 在执行并机操作时，在强大的微处理器的直接数字合成技术和自适应调控功能支持下，无需捕捉相互的实时参数，而达到互锁及均流的目的。如爱克塞公司的 Powerware9315 系列 UPS 就采用了该技术。

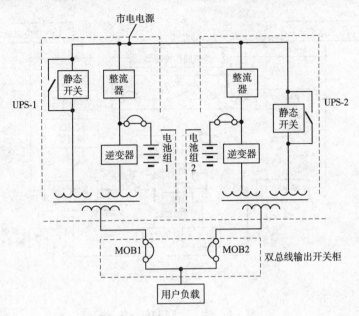

图 6-18 "热同步"并机技术方案

4. 采用"并机柜"的并机方案

图 6-19 所示为采用"并机柜"的并机方案,它是用一个专门的"并机柜"来代替原分散交流旁路供电通道,解决了各个分散的交流旁路上的"静态开关"不均流带载问题。

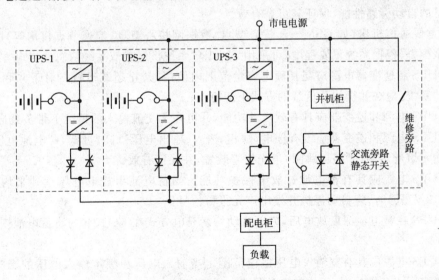

图 6-19 采用并机柜并机方案

四、双总线冗余供电方式

由于在 UPS 供电系统中,输出端与负载间配有配电柜和断路器等,若碰到检修或产生故障,以上介绍的几种配置形式将引起负载停电,即系统的故障率虽然降低了,但可维护性问题并没有彻底解决。因此,可采用图 6-20 所示的双总线冗余配置方案。其中,配有两套静态开关 STS_1 和 STS_2 构成的是一套能自动执行安全可靠的具有零切换时间的系统。

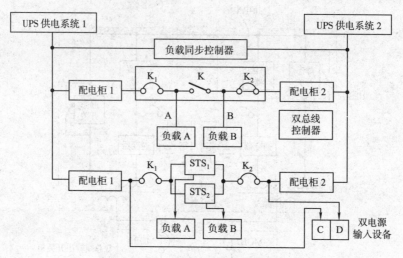

图 6—20　双总线冗余供电方式

第六节　UPS 维护

一、UPS 电源标准

(1)UPS 电源和逆变器的交流输入和输出均应采用三相五线制或单相三线制供电。

(2)为提高系统供电的可靠性,在选择设备时,应选用在线式 UPS 电源和逆变器,并定期检查设备的自动旁路性能,保证其可靠有效。

(3)重要通信机房(如 GSM－R 核心节点、数据网核心节点、汇聚节点机房等)的 UPS 电源应冗余配置,根据系统重要程度,可采用 $N+1$ 单系统供电或双系统双总线供电方案。

(4)UPS 和逆变器电源应在其额定容量范围内使用,禁止超载运行。对于并联冗余 UPS 及逆变器系统,应在并机均分负载的方式下运行。

(5)UPS 电源和逆变器应具有软启动功能,并可在无交流输入的情况下带负载启动。

(6)UPS 电源和逆变器应设有停电,缺相,输入、输出电压过高、过低,蓄电池电压低,旁路失效及输出熔丝熔断(断路器跳闸)声光报警装置,并保证有效。

(7)UPS 电源应具有蓄电池过放电保护功能。当蓄电池组放电电压达到平均单只电压 $10.8\,\text{V}(12\,\text{V}/\text{只})$ 时,应自动停机并发出声光报警信号。

(8)UPS 在蓄电池深度放电后,应以自动均衡充电方式在 $6\sim10\,\text{h}$ 内将蓄电池恢复到浮充状态。

(9)UPS 电源应具有宽输入电压适应范围。当输入电压在额定输入电压的 $\pm20\%$,输入频率在规定同步范围内时,不应转电池供电。

(10)UPS 电源应具有较宽的频率适应范围,并应根据当地电源频率的变化情况,选择适当的频率跟踪速率。对于电源频率变化过快的地区,宜采用内时钟同步。

(11)逆变器、UPS 电源供电质量标准:输出电压 $220^{+11}_{-11}\,\text{V}$,$380^{+19}_{-19}\,\text{V}$;三相供电电压不平衡度不大于 4%。

二、UPS 电源维护质量标准

逆变器和 UPS 电源柜的维修质量标准应满足表 6—5 的规定。

表 6-5　逆变器和 UPS 电源柜的维修质量标准

序号	项　目	标　准	备　注
1	UPS 输入性能	1. 电压:220 V±44 V 或 380 V±76 V。 2. 频率:50 Hz±2.5 Hz。 3. 功率因数:≥0.95	
2	输出性能	1. 波形:正弦波(电压波形正弦畸变率不大于 3%)。 2. 电压稳定度:0~100%线性负载范围内,输出电压变化≤±1%。 3. 频率稳定度:50 Hz±0.1 Hz。 4. 转换时间:逆变器或 UPS 在市电、旁路或电池供电之间任意转换,其转换时间均应小于或等于 4 ms	
3	负载能力	1. 输出功率因数:≥0.8。 2. 过负载及转换:110%负载,不转旁路;120%负载,≥1 min 转旁路	
4	蓄电池标准	满足蓄电池维护质量标准	
5	充电整流器	1. 具有蓄电池放电后自动均衡充电、充电结束自动转浮充功能。 2. 具有蓄电池均衡充电、浮充电自动温度补偿功能	
6	保护性能	1. 交流输入过、欠压:当交流输入电压超过允许输入电压整定范围时,应立即转电池运行,并发出声光报警信号。 2. 交流输出过电压:当交流输出电压超过输出过电压整定值时,应立即关机并发出声光报警信号。 3. 交流输出欠电压:当交流输出电压低于输出欠电压整定值时,应立即发出声光报警信号。 4. 直流输入欠电压:当 UPS 的输入直流电压降低到低电压整定值时,应立即转旁路供电或停机,并发出声光报警信号	
7	告警	1. 发生下列情况时,必须发出音响及灯光告警信号: (1)交流输入电源发生停电时。 (2)交流输入电压超过设定的告警范围时。 (3)交流输出电压超过设定的告警范围时。 (4)设备转旁路运行时。 (5)交流输入、输出开关(熔断器)跳闸(熔断)时。 (6)直流输入开关(熔断器)跳闸(熔断)时。 (7)保护电路动作时。 2. 关断任何告警的音响信号后,灯光信号必须存在;当故障解除后,应再次发出音响信号	
8	显示	具有输入、输出电压、电流,设备运行状态、蓄电池运行状态等显示	

三、UPS 电源维护

逆变器和 UPS 的维护测试项目及周期应满足表 6-6 规定。

表 6-6　逆变器和 UPS 的维护测试项目及周期

序号	类　别	项目与内容	周期	备　注
1	日常维护	1. 运行情况及告警巡视检查	日	无人值守机房可通过监控系统巡视
		2. 输出电压、电流测量、记录。 3. 设备检查、清扫	月	
		4. 输出频率测试。 5. 风扇及滤网清洁检查	季	

续上表

序号	类别	项目与内容	周期	备注
2	集中检修	1. 地线检查。 2. 告警试验。 3. 防雷保护单元检查及更换。 4. 强度检查及配线整理。 5. 逆变及旁路转换试验	年	防雷保护单元检查在雨季应每月进行一次,遭到雷击应及时更换
3	重点整修	1. 更换电路板或功率模块。 2. 更换老化配线。 3. 仪表修理。 4. 其他重点整修项目	根据需要	

本章小结

1. 本章主要介绍了 UPS 的基本概念及技术。

2. UPS 在通信电源系统中的地位和重要性在逐步提高,现在已经成为通信电源日常维护的一个重点。

3. 在"通信用不间断电源—UPS"行业标准中,一些主要的参数指标有:输入电压、输入频率、输出波形失真度、输出电压不平衡度、并机负载电流不均衡度;输入功率因数和输入电流谐波成分;电源效率、输出电流峰值系数、过载能力;输出电压稳压精度;输出功率因数;输出频率、频率跟踪范围、频率跟踪时间等。

4. UPS 交流滤波器应具有下列性能:一是使输出电压中单次谐波含量和总谐波含量降到指标允许的范围内;二是在三相条件下使输出电压不平衡度符合规定范围;三是使负载变化引起的输出电压波动小且满足动态指标,同时要重量轻体积小。

5. 为防止切换时间造成瞬间供电中断并产生继电器触点拉弧打火等现象,在大功率 UPS 供电系统及切换过程中,采用静态开关作为切换元件。

6. 锁相电路由鉴相器、低通滤波器和压控振荡器组成,用于检测两个交流电源的相位差并将它变成一个电压信号去控制逆变的输出电压相位与频率,从而保持逆变器与交流电源的同步运行。

7. UPS 的运行方式有:正常运行、维护旁路和关断。

8. 并机包含两层含义:冗余和增容。并机不一定是冗余的,并联的概念才是增容,而冗余的概念则是可靠性。从冗余式配置方案来看,有这样几种方式:主机—从机型"热备份"UPS供电方式;直接并机冗余 UPS 供电方式;双总线冗余供电方式。

9. UPS 正确使用和合理的维护使 UPS 保持最佳的性能并预防将小问题转变成大故障。UPS 按维护的周期可分为:日检、周检、年检。

复习思考题

1. 简要介绍逆变器的工作原理。

2. 为什么通信电源系统中 UPS 的作用和地位越来越重要,结合实际谈谈你对这个观点的看法。

3. 比较后备式、在线互动式和在线式 UPS 在工作方式上有何不同,说明各自的优缺点。

4. 为什么说 UPS 的输出功率因数表示其带非线性负载能力的强弱?

5. 描述 UPS 开机加载步骤及 UPS 从正常运行到维护旁路的步骤。

6. UPS 并机工作的目的是什么?

7. 画一个"1+1"型直接并机方案图。

8. UPS 设备工作时对环境有哪些要求?

第七章

电源监控系统

随着通信规模的扩大,电源设备大量增加,电源设备的技术含量大大提高,电源设备的性能有很大提升;随着计算机网络技术的不断成熟和普及,以及先进的维护管理体制的推广,为了提高电源系统的稳定性和可靠性,通信电源集中监控是发展的必然趋势。

传统的维护模式要求电源设备的运行需要通过人工看守的方式,一小时一抄表地进行人工监视,通过大量报表,分析设备运行情况,判断和处理故障。这种方式,很难及时准确地发现和定位故障,尤其是对于一些可能影响设备供电的故障隐患,更是难以很好地进行判断和处理。

随着电信事业的迅速发展,通信网络的规模不断扩大,需要操作与维护的设备种类和数量大幅度地增加,设备的技术含量和复杂度也越来越高,通信电源系统稳定性和可靠性就显得尤为重要。传统的维护模式显然已经不适应通信电源的发展步伐,与此同时,计算机通信技术、电子技术、自动控制技术、传感器技术和人机系统技术的迅猛发展,计算机网络、办公自动化和工业自动控制的普及,为监控系统的发展创造了必要的客观条件。

通信电源集中监控管理系统是一个分布式计算机控制系统(即所谓的集中管理和分散控制),它通过对监控范围内的通信电源系统和系统内的各个设备(包括机房空调在内)及机房环境进行遥测、遥信和遥控,实时监视系统和设备的运行状态,记录和处理监控数据,及时监测故障并通知维护人员处理,达到少人或无人值守,实现通信电源系统的集中监控维护和管理,提高供电系统的可靠性和通信设备的安全性。

实施集中监控的意义主要有以下几点:

1. 提高了电源维护管理水平和电源设备运行的稳定性和可靠性

一些高技术含量的电源设备本身可靠性较高,同时对环境要求较高,有人值守反而增加了故障隐患。通过监控系统可实现全天候实时、全面的设备及环境监控,通过对采集的大量有用数据的分析与统计,使维护人员准确地掌控电源系统设备运行状况,有针对性地安排系统维护和设备检修,预防可能出现的故障,不断优化电源系统,提高电源设备运行的稳定性和可靠性,从而提高通信电源供电质量。同时,监控系统可以自动记录电源设备的运行情况和故障后维护人员的处理过程,便于区分责任,有利于提高维护人员的管理效率和增加维护人员的责任心。

2. 提高了电源设备运行的经济性,降低了运行成本

电力是一种能源,如何提高在传输、变换和使用中的效率,是电源维护的一个重要内容。随着微机技术在智能电源设备中的广泛应用,设备本身的智能性和效率在不断地提高。监控系统发挥其在数据分析和处理及控制上的优势,与智能设备相互配合,根据设备的实际运行情况,随时调整其运行参数,使设备始终工作在最佳状态,提高了电源设备运行的经济性,延长了

设备的使用寿命。

3. 解放了劳动力,提高了电源维护工作的效率,降低了维护成本

长期以来,传统的通信电源维护被认为是劳动密集型的专业,这与以往电源设备技术含量低,可靠性不高,需要维护人员现场值守有关。随着近年来电信事业的迅速发展,通信网络的规模不断扩大,相应的电源设备数量和种类也在大大地增加,维护工作量也随之骤增。要解决维护工作量的矛盾,只有通过建设监控系统,实现对通信电源和机房环境的集中管理和维护,削减端局维护人员,大大减少维护人员总数,同时以地区为中心组建一支专业化水平高的维护力量,不但降低了维护成本,也使得维护质量大大提高。实施通信电源集中监控的目的,就是要将电源维护人员从繁琐的维护工作中解放出来,提高劳动生产率,降低设备运行和维护成本,提高设备运行的可靠性和经济性。

本章从系统出发,介绍电源监控的结构、特点、功能及使用方法,并分别介绍了集散式监控系统的原理及构成、集中式监控系统的原理。

第一节 电源监控系统的功能

图 7—1 是监控系统工作过程示意图。由图可知,监控的工作过程是双向的,一方面,被监控的电源设备和环境量需经过采集和转换成便于传输和计算机识别的数据形式,再经过网络传输到远端的监控计算机进行处理和维护,最后可通过人机交互界面和维护人员交流;另一方面,维护人员可通过交互界面发出控制命令,经过计算机处理后传输至现场,经控制命令执行机构使电源设备及环境完成相应动作。

具体而言,通信电源集中监控管理系统的功能可以分为监控功能、交互功能、管理功能、智能分析功能及帮助功能等五个方面。

图 7—1 监控系统工作过程示意图

一、监控功能

监控功能是监控系统最基本的功能。这里"监"是指监视、监测,"控"是指控制,电源监控系统是电源系统的控制、管理核心,它使对通信电源系统的管理由繁琐、枯燥变得简单、有效,其功能主要表现在以下三个方面:

(1)电源监控系统可以全面管理电源系统的运行,方便地更改运行参数,对电池的充放电实施全自动管理,记录、统计、分析各种运行数据。

(2)当系统出现故障时,它可以及时、准确地给出故障发生部位,指导管理人员及时采取相应措施、缩短维修时间,从而保证电源系统安全、长期、稳定、可靠地运行。

(3)通过"遥测、遥信、遥控"功能,实现电源系统的少人值守或全自动化无人值守。

监控功能又可以简单地分为监视功能和控制功能。

1. 监视功能

监控系统能够对设备的实时运行状况和影响设备运行的环境条件实行不间断地监测,获

取设备运行的原始数据和各种状态,以供系统分析处理,这个过程就是遥测和遥信。同时,监控系统还能够通过安装在机房里的摄像机,以图像的方式对设备、环境进行直接监视,并能通过现场的拾音器将声音传到监控中心,以帮助维护人员更加直观、准确地掌握设备运行状况,查找告警原因,及时处理故障,这个过程也常被称为遥像。监视功能要求系统具有较好的实时性、准确性和精确性。

2. 控制功能

监控系统能够把维护人员在业务台上发出的控制命令转换成设备能够识别的指令,使设备执行预期的动作或进行参数调整,这个过程也就是遥控和遥调。监控系统遥控的对象包括各种被监控设备,也包括监控系统本身的设备,如对云台和镜头进行遥控,使之能够获取满意的图像。控制功能也同样要求系统具有较好的实时性和准确性。

二、交互功能

交互功能,是指监控系统与人之间相互对话的功能,也就是人机交互界面所实现的功能,包括以下几个方面:

1. 图形界面

监控系统运用计算机图形学技术和图形化操作系统,提供友好的图形操作界面,其内容包括:地图、空间布局图、系统网络图、设备状态示意图和设备树等。图形界面的采用,使得维护人员的操作变得简单、直观而有效,并且不易出错。

2. 多样化的数据显示方式

监控系统提供的数据显示方式不再是简单的文字和报表,而是文字和图形相结合,视觉和听觉相结合的多样化显示。

3. 声像监控界面

声像监控无疑让监控系统与人之间的相互对话变得更加形象直观,使得维护人员能够较为准确地了解现场一些实时数据监测所不能反映的情况,增强维护和故障处理的针对性。

三、管理功能

管理功能是监控系统最重要和最核心的功能,它包括对实时数据、历史数据、告警、配置、人员及档案资料的一系列管理和维护。

1. 数据管理功能

监控系统中所谓的数据,包括了反映设备运行状况和环境状况的所有监测到的数值、状态和告警。

大量的数据在显示之后就被丢弃了,但也有许多数据(可能是未经显示的)对反映设备性能和长期运行状况、指导以后的维护工作具有相当重要的意义,因此需要对它们进行归档,保存到数据库中去。为了节省磁盘空间,提高处理速度,这些数据可能被压缩或转换成计算机所能识别的格式进行存储。

当数据被简单处理后,就以历史数据的形式保存在磁盘中。为了了解一些设备的长期特性和运行状况,从中得出一些规律性和建设性的结论,经常需要对历史数据进行查询。系统为用户提供高效的搜索引擎和逻辑运算功能,以帮助用户迅速查找到所需要的数据。大量的历史数据保存在有限的磁盘空间中,占据着宝贵的系统资源,当这些数据经过了一段时间后,对维护工作已经不是那么重要,却又有一定的留档价值的时候,就需要将它们导出到备份存储设备中,如光盘、磁带等,当需要这些数据的时候,再将它们导入系统,这就是数据的备份和恢复,对系统的安全性非常重要。经常将系统内的数据进行备份,在系统一旦因不可预见的原因而崩溃时,能够使损失减少到最低程度。

数据处理和统计,即运用数学原理,是通过计算机强大的处理能力,对大量杂乱无章的原始数据进行归纳、转换和统计,得出具有一定指导意义的统计数据,并从中找出一定的规律的过程。常见的统计运算有平均值、最大值、最小值和均方差等,同时,系统还能够根据用户的需要,生成各种各样的报表和曲线,为维护工作提供科学的依据。

2. 告警管理功能

告警也是一种数据,但它与其他数据不同,有着其内容和意义上的特殊性。对告警的管理,除了数据管理功能所提到的内容外,还包括以下一些内容:

(1)告警显示功能:告警显示与数据显示一样都具有多种不同的显示方式,所不同的是,告警必须能够根据其重要性和紧急性分等级显示。通常不同的告警等级以不同颜色的字体、指示灯或图标等在显示器或大屏幕上显示,同时还配以不同的语音信息或警报声。此外,有些系统还运用行式打印机对告警信息进行实时打印。

在具有图像监视的系统中,当被监视对象发生告警时,系统能够自动控制相应的矩阵切换、云台转动和镜头调整,使监视画面调整到发生告警的场地或设备以进行远程监视,并控制录像机自动进行录像,即告警时图像联动功能。

(2)告警屏蔽功能:有些系统所监视到的告警信息,可能对维护人员来说是没有什么实际意义的,或因某种特殊原因而不需要让其告警的,这时便需要由监控系统对这些告警信息进行屏蔽,使它们不再作为告警反映给维护人员,如在白天上班时一些有人值守的机房的红外和门禁告警,再如端局在对设备进行更换、扩容等施工时所产生的一些设备告警等。当需要时再对这些告警项目进行恢复,取消屏蔽。

(3)告警过滤功能:监控系统的告警功能为及时发现并排除设备的故障提供了良好的帮助,但有时过多相关的告警信息反而会使维护人员难以判断直接的故障原因,给维护工作带来麻烦。比如停电时,交流配电、直流配电和整流器等都会发出相应的告警,可能一下子会在监控界面上产生几十条告警,这时需要系统能够根据预先设定的逻辑关系,判断出最关键、最根本的告警,而将其余关联的告警过滤掉。这也是监控系统智能化的一个最基本要求。

(4)告警确认功能:在很多情况下,告警即意味着"不正常",意味着故障或是警戒,及时处理各种故障和突发事件,是每一个维护人员的职责。告警确认功能使得这项职责更加有据可依。当维护人员对一条告警进行确认时,系统会自动记录下确认人、确认时间等信息,并根据需要打印维修派工单。

(5)告警呼叫功能:当维护人员离开机房时,系统能够在产生告警时通过无线寻呼台向维护人员发出呼叫,并能够将告警名称、发生地点、发生时间和告警等级等信息显示在维护人员的手机上,为及时处理故障争得了宝贵的时间。

3. 配置管理功能

配置管理是指通过对监控系统的设置及参数、界面等特性进行编辑修改,保证系统正常运行,优化系统性能,增强系统实用性。它包括参数配置功能、组态功能和校时功能等3个方面。

系统参数包括数据处理参数,如数据采样周期、数据存储周期和数据存储阈值等;告警设置参数,如告警上、下限,告警屏蔽时间段,是否启动声音告警等;通信与端口参数,如通信速率、串行数据位数、端口与模块数量和地址等;采集器补偿参数,如采集点斜率补偿、相位补偿和函数补偿等。

组态功能是监控系统个性化的一个标志,体现了系统操作以人为中心的特点,提高了系统的适应性。组态功能包括界面组态、报表组态和监控点组态等。

监控系统是一个实时系统,对时间的要求很高。如果系统各部分的时钟不统一,将会给系统的记录和操作带来混乱。系统的校时功能能够有效地防止这种混乱的发生,校时功能包括自动校时和手动校时。

4. 安全管理功能

这里"安全"包含两层含义,一是监控系统的安全,二是设备和人员的安全。监控系统采取了一些必要的措施来保证他们的安全,这项功能称为安全管理功能。

为了保证监控系统的安全性,需要为每个登录系统的用户设置不同的用户账号、权限和口令。用户权限通常分为三种:一般用户、系统操作员和系统管理员,也有称为客人、用户和管理员的。其中一般用户只能进行一些简单的浏览、查看和检索操作,系统操作员则能够在此基础上,进行告警确认、设备遥控及一些参数配置等维护操作;系统管理员具有最高权限,除具有系统操作员的权限外,还能够进行全面的参数配置、用户管理和系统维护等操作。每个用户以不同的账号来区分,并以口令进行保护。

系统的操作记录常常是查找故障、明确责任的重要依据。监控系统对维护人员所进行的所有的重要操作都进行了详细的记录,如登录、遥控、修改参数和增删监控点等。记录的内容包括操作的时间、对象、内容、结果和操作人等。

遥控操作是通过业务台直接向设备发出指令,要求其执行相应动作的过程,不适当的遥控可能对设备造成损害,甚至造成人员伤亡。使用单位应针对监控系统制定详细的操作细则,以保证遥控操作的安全性。同时,在监控系统中也对遥控操作采取了一些相应的安全措施,如要求在对设备发出遥控命令时验证口令,再如在监控中心对设备进行遥控时,能够以声、光等信号提醒可能存在的现场人员警觉等。

5. 自我管理功能

自我管理,顾名思义,是监控系统对自身进行维护和管理的功能。按照要求,监控系统的可靠性必须高于被监控设备,自我管理功能是提高系统运行稳定性和可靠性的重要措施。

监控系统自身必须保持"健康",一个带病运行的系统是不能进行良好的监控管理的。系统的自诊断功能从系统自身的特点出发,对每个功能模块进行自我检查和测试,及时发现可能存在的"病症",找出"病因",提醒维护人员予以"治疗"解决。系统日志是系统记录自身运行过程中各种软事件的记录表,是系统进行自我维护的重要工具,建立完善的系统日志可以帮助维护人员发现监控系统中存在的异常,排除系统故障。

6. 档案管理功能

档案管理功能是监控系统的一项辅助管理功能。它将与监控系统相关的设备、人员和技术资料等内容作归纳整理,进行统一管理。

设备管理功能将下属局(站)的所有重要电源设备及监控系统的重要硬件设备进行统一管理,记录其名称、型号、规格、生产厂家、购买日期、启用日期、故障和维修情况等信息以备查询。设备管理功能对设备维护及监控系统本身的维护都具有重要的帮助作用。

人员管理是指将监控中心及下属局(站)的相关电源维护管理人员登记造册,记录其姓名、职务和联系电话等与维护有关的内容,以方便管理维护工作的开展。

监控系统在其建设的过程中,会形成大量的技术文档和资料,包括系统结构图、布局图、布线图、测点列表和器件特性等,这些资料对设备维护及系统的维护、扩容和升级都具有相当重要的意义。利用计算机对这些资料进行集中管理,可以提高检索效率。

四、智能分析功能

智能分析功能是采用专家系统、模糊控制和神经网络等人工智能技术,来模拟人的思维,在系统运行过程中对设备相关的知识和以往的处理方法进行学习,对设备的实时运行数据和历史数据进行分析、归纳,不断地积累经验,以优化系统性能,提高维护质量,帮助维护人员提高决策水平的各项功能的总称。常见的智能分析功能包括以下几个方面:

1. 告警分析功能

告警分析是指系统运用自身的专家知识库,对所产生的告警进行过滤、关联,分析告警 原因,揭示导致问题出现的根本所在,并提出解决问题的方法和建议。

2. 故障预测功能

故障预测即根据系统监测的数据,分析设备的运行情况,提前预测可能发生的故障。这项功能也被称为预告警功能。

3. 运行优化功能

运行优化是指系统根据所监测的数据,自动进行设备性能分析、节能效果分析等工作,给维护人员提供节能建议和依据或直接对设备的某些参数进行调整。

智能分析功能的运用,使传统的监控理论向真正的智能化方向发展,拓宽了监控技术领域,具有划时代的意义。

五、帮助功能

一个完善的计算机系统,一定要有其完备的帮助功能。在监控系统中,帮助信息的方式是多种多样的,最常见的是系统帮助,它是一个集系统组成、结构、功能描述、操作方法、维护要点及疑难解答于一体的超文本,通常在系统菜单的"帮助"项中调用,系统帮助给用户提供了目录和索引等多种查询方式。

此外,有的系统还为初次使用的用户提供演示和学习程序,有的系统将一些复杂的操作设计成"向导"模式,逐步地指导用户进行正确的操作。随着多媒体技术在监控系统中的运用,还会出现语音、图像等方式的帮助信息,使维护人员能够更快、更好地使用监控系统。

第二节 电源监控系统的结构

一、总体结构

电源及机房环境监控系统由监控中心(分中心)、监控站及监控数据通信通道组成。一个省级监控系统,是由省级监控中心(PSC)、地市级监控中心(SC)、县市级监控中心(SS)、监控局站(SU)和监控模块(SM)所组成。PSC 和 SC 监控中心主要负责对整个监控网监管,由监控局站(SU)执行本站范围内的运行维护。整个监控系统结构图,如图7-2所示。

二、电源监控系统的组成结构

常见的本地网电源监控系统组成结构框图如图7-3所示。

从图中可以看出,县市级和地市级监控中心均是由主业务台、备用业务台和服务器等构成

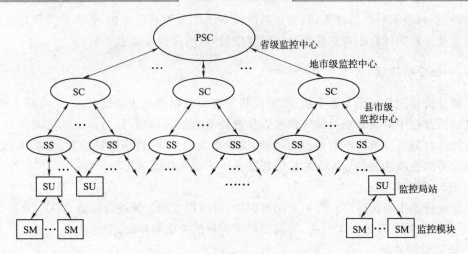

图 7-2　电源监控系统的结构图

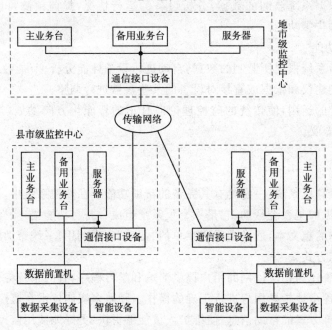

图 7-3　本地网电源监控系统结构组成框图

局域网络,只是在结构层次、管理职责和功能上有所区别。监控局(站)是由众多的采集设备和智能设备通过 RS-422 监控总线(或 RS-485 总线)汇总到数据前置机,由数据前置机送入上一级的监控中心。

三、电源监控系统主要特点

1. 多级管理体系

监控系统采用以微处理器为核心的多级管理体系,对整流模块、交流配电屏、直流配电屏、电池组实施全方位监视、测量、控制。

2. 双重测量显示、控制管理模式

这种设计思想将监控系统引入的故障因素减小到最低程度,即使监控系统出现故障仍可保证整个电源系统安全、可靠地运行。

3. 监控模块可以方便系统扩容和参数调整

4. 开放式接口设计

电源系统监控模块提供 RS-232、RS-485、Modem 多种通信方式，用户可根据需要组成多种形式电源集中维护系统。电源后台维护管理软件在 WINDOWS 操作环境下运行，提供友好的全中文图象界面，充分考虑各种通信线路情况，具有多种纠错功能。

5. 大屏幕液晶显示

电源系统监控模块采用大屏幕点阵式液晶显示器，各种状态、报警信息显示直观、明了，可使用户及时、准确掌握电源系统的运行状况。监控操作采用全汉化显示、对话式操作方式，非常便于学习掌握。

四、电源监控系统主要类别

大容量和大容量系列电源系统采用集散式监控，此类监控系统的特点是系统监控模块通过整流模块监控单元、直流屏监控单元、交流屏监控单元分别采集数据，分级显示，集中管理。

中小容量系列电源系统采用集中式监控，此类监控系统的特点是监控模块直接采集系统数据，集中显示，统一管理。

第三节　集散式监控系统的逻辑组成及监控量

一、集散式监控系统的总体结构

集散式监控系统的总体结构框图如图 7-4 所示。系统采用三级测量、控制、管理模式。最高一级为电源监控后台，电源监控后台通过 RS-232 或 RS-485 及 Modem 通信方式与电源系统的监控模块连接；电源系统监控模块构成电源监控系统的第二级监控；电源监控系统的第三级监控由各整流模块内的监控单元、交流配电监控单元和直流配电监控单元等组成。

在集散式监控系统中，各整流模块、交流配电单元及直流配电单元均有自己单独的 CPU 功能，而集中式却没有。

电源系统监控模块通过 RS-485 接口与直流配电监控单元、交流配电监控单元和各整流模块监控单元的 RS-485 接口并联连接在一起。直流配电、交流配电、整流模块内部的监控单元均采用单片机控制技术，它们是整个监控系统的基础，直接负责监测各部件的工作信息并执行从上级监控单元发出的有关指令，如上报有关部件工作信息，完成对部件的功能控制。

二、电源监控系统的监控量

1. 遥测量

遥测量包括：系统输出总电压、负载总电流；电池电压，电池充放电电流；输入市电电网电压，中相电流，电网频率；各整流模块的输出电压、输出电流。

2. 遥信量

遥信量包括：直流配电各输出支路熔断器通断状态；电池组熔断器通断状态；电池充电电

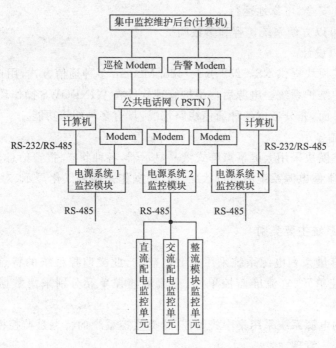

图 7-4 电源监控系统结构框图

流过大,电池电压欠压、过压;市电电网停电、缺相,电网电压过高、过低;整流模块工作温度过高、整流模块输出电压过高、过低;整流模块输出过流保护、整流模块输入交流电压过高、过低、缺相或相间电压严重不平衡。

3. 遥控量

遥控量包括:整流模块输出电流限流控制;整流模块开启、关停控制;整流模块均、浮充控制。

4. 遥调量

遥调量主要指整流模块的输出电压的调整。

第四节 基础监控单元

一、整流模块监控单元

整流模块监控单元功能表现在两方面:

(1)测量整流模块的运行参数,并通过 RS-485 接口传送给电源系统的监控模块进行信息处理,接收监控模块发来的对整流模块的各种控制命令并具体完成。具体来说,测量的模拟量包括整流模块的输出电压和输出电流;采集的报警量有交流输入过低报警、交流输入过高报警、电压不平衡报警、模块过热报警、输出电压过低报警、输出电压过高报警、输出过流报警;对整流模块的控制包括均充、浮充控制,限流点的改变,整流模块的开启和关停及调节整流模块电压升降等。整流模块监控单元的基本原理框图如图 7-5 所示。

(2)模拟量测量采用零点和满度自校准方式,当工作温度改变或工作时间增长引起测量电路参数改变时,仍能保证测量数据的准确性。

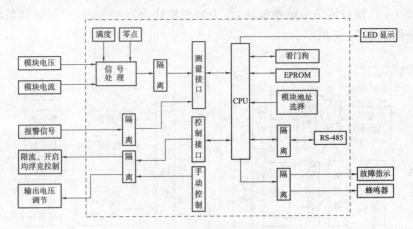

图 7-5 整流模块监控单元原理框图

二、直流配电监控单元

直流屏监控单元的主要功能是:测量直流屏的各种参量及故障报警信息,并给出声、光报警,通过 RS-485 接口将其监测到的各种参量和故障报警信息传送给电源系统的监控模块,作为监控模块管理电源系统的重要依据。其原理如图 7-6 所示。直流屏监控单元测量的模拟量主要有系统输出总电流、系统输出总电压、二组电池组充放电电流;采集的报警量有各直流配电输出熔断器通断状态、二组电池熔断器通断状态、电池充电电流过大预报警、电池充电电流紧急报警、电池电压欠压预报警、电池电压欠压紧急报警、电池电压过压预报警、电池电压过压紧急报警等。

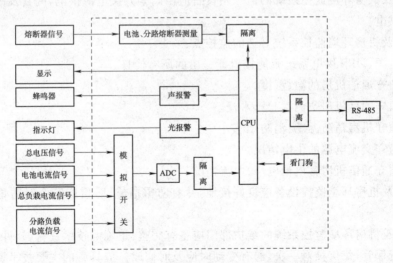

图 7-6 直流屏监控单元原理框图

三、交流配电监控单元

交流监控单元除测量交流电压外,还要检测空气开关是否跳闸、防雷器是否损坏等,同时对电网出现的如电网停电、电网电压过高、电网电压过低,给出具体指示,并发出声光报警。当电网停电时,交流监控单元还将接通照明接触器以提供紧急照明用电。上述各种交流数据及参量通过 RS-485 接口传送给监控模块,作为监控模块全自动管理、控制电源系统的依据之一,其工作框图如图 7-7 所示。

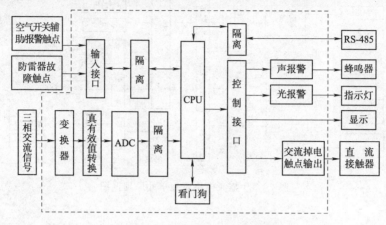

图 7-7　交流屏监控单元原理框图

交流信号转变为直流信号采用的是真有效值转换器,也就是说无论交流信号有何种畸变,最终测量的结果仍然保证是有效值。

第五节　监控系统维护规则

一、电源及机房环境监控系统设置

(1)电源及机房环境监控系统的监控站设备应由高频开关电源供电,网管及配套设备应由不间断电源供电。

(2)电源及机房环境监控系统必选的监控点:

①开关电源、UPS 供电系统智能接口能送出的所有信息。

②无人值守通信机房的温、湿度。

③无人值守通信机房空调、门禁、水浸。

④无人值守机房消防温感、消防烟感。

⑤无人值守交流电源的供电情况。

⑥无人值守通信机房蓄电池电压、电流情况。

(3)电源及机房环境监控设备应良好接地,并有防雷措施,防雷应符合对防雷与过压保护能力的要求。

(4)电源及机房环境监控系统的维护部门应备有完整、正确的技术资料、软件备份资料,并指定专人负责保管,每年核对一次,遇有变动时应及时修改。应具备的主要技术资料如下:

①系统结构总图及各级监控中心的结构图及配线图。

②IP 地址分配表或接入号码表。

③与各级监控中心及区域监控站相配套的安装手册、用户手册与技术手册。

④操作系统软件光盘、配套(杀毒)软件光盘、机房环境监控系统安装光盘及系统恢复镜像光盘等软件。

(5)对于通过拨号进入电源及机房环境监控系统的接入号码不得对外公开,确保监控使用。

(6)电源及机房环境监控系统的使用、维护人员应严格执行操作规则，遵守人机命令管理规定，未经批准不做超越职责范围的操作。

(7)监控中心设备/分中心设备包括数据库服务器、监控中心服务器、操作终端、网络接入设备等；监控站由现场监控采集单元、监控模块、网络通信设备、各种类型的传感器及探测器等组成。具有图像监视功能的监控站，可设置视频监控单元，包括图像采集、处理单元等。

(8)电源及机房环境监控系统必须完好可用，能够实时反映被监控机房的烟雾、湿度、温度、水浸、门禁、空调等的状况，实时反映电源设备运行情况、故障报警等情况，并具备必要的遥控功能（如环境温度调节等）。

(9)电源及机房环境监控系统的监控中心应以通信（电务）段为单位集中设置，可设置在通信（电务）段网管中心或电源集中监控室，在段调度室可设复示终端。根据现场维护需要，可在具有集中管理职能的车间设置监控分中心，监控系统应具有声光报警功能。

(10)无人值守通信机房必须纳入电源及机房环境监控系统，实施24 h监控。

(11)通信电源设备、电源及机房环境监控系统的各种技术资料、设备的原始资料和检修记录应准确、齐全。

二、电源及机房环境监控标准

(1)在实时监控和故障告警时，从现场反映到有人值守监控中心的时间应小于4 s（暂定）。

(2)电源及机房环境监控系统交、直流电压的检测：市电及备用发电机输入交流电压的精确度应优于2%，直流输出电压的精确度应优于0.5%，2 V蓄电池单体电压精度$|U-V|\leqslant5\,mV$，12 V蓄电池单体电压精度$|U-V|\leqslant20\,mV$。

(3)电源及机房环境监控系统交、直流电流的检测：交流电流的精确度应优于5%，直流电流的精确度应优于2%，当测量点的实际电流在传感器量程10%以下时，则使用绝对误差$|i-j|$表示精度的大小。

(4)电源及机房环境监控系统温、湿度的检测：湿度检测的精确度应优于5%。温度检测的精确度应优于5%（在温度接近0 ℃时，使用绝对误差$|T_s-T_c|$表示精度的大小，应优于0.5 ℃）。

(5)其他电量的检测精度均应优于2%，非电量检测精度应优于5%。

(6)电源及机房环境监控系统开关报警量的检测准确率应达到100%。

(7)电源及机房环境监控系统控制量的检测：准确率应达到100%。监控中心下达控制动作后，现场反应时间应在4 s（暂定）以内（如使用PSTN网，则注意要排除连接时间）。测试时不应影响电源系统的正常供电。

(8)监控中心/分中心存储监控信息的时间为一年（不含录相信息）。

三、电源及机房环境监控系统维护规则

(1)电源及机房环境监控中心的值班人员应实时监视系统的运行状况，对各种异常信息和声光报警立即处理。对于紧急告警，应立即通知被监控机房维护责任部门及相关人员进行处理，并按照规定及时上报。

(2)电源及机房环境监控系统须进行定期维护检测，其维护检测的项目及周期应满足表7—1的规定。

表 7-1　电源及机房环境监控系统维护检测项目及周期

序号	类 别	维护项目	周期	说 明
1	日常维护	1. 查看交流电压。 2. 查看温度。 3. 查看直流供电电压。 4. 查看整流模块输出电压。 5. 查看蓄电池总电压。	日	查看交流电压、温度、直流供电电压是否接近告警点;查看整流模块输出电压是否与电源系统的直流供电电压相符;查看单体蓄电池的端电压是否与(电池组总电压/电池组槽数)的数值相符
		6. 查看单体蓄电池的端电压。 7. 观察记录机房环境监控系统运行状况		查看并记录有无误告警发生、显示的数据是否准确、数据传输有无中断
		1. 监控中心设备巡检。 2. 查看操作记录	月	巡检网管设备(服务器、主机、业务台、打印机、音箱、大型显示设备等)的运行是否正常 查看操作记录、操作系统和数据库记录是否有违规操作和错误发生
		1. 抽查电源及机房环境监控系统的功能、性能指标。 2. 抽查监控系统备用通道	季	抽查过程以不影响电源及机房环境监控系统的正常工作为原则 抽查电源及机房环境监控系统备用传输通道是否良好
		对电源及机房环境监控系统被监控对象相关告警信息和日常数据进行备份	半年	
2	集中检修	1. 全面检测电源及机房环境监控系统的功能、性能指标。 2. 整理全年的数据记录	年	检测过程以不影响电源及机房环境监控系统的正常工作为原则,并应校对开关量的准确度和模拟量的精确度
		3. 参数校对、调整及数据备份		进行系统配置参数校对、核实调整,并备份核实调整后的数据
		4. 检查设备接地和防雷		检查并确保监控中心服务器、监控主机和配套设备、监控模块及前端采集设备具有良好的接地和必要的防雷设施
		5. 检查电器隔离		检查智能设备的通信接口与数据采集器之间的电器隔离及防雷措施

第六节　集中监控系统日常使用和维护

实施集中监控的根本目的是提高通信电源运行的可靠性、管理水平、工作效率,降低维护成本和运行成本。但为了达到这一目标,除了监控系统本身性能的优良与否之外,离不开日常对监控系统合理的使用和维护,下面从电源监控系统各种功能的使用、日常维护项目及常见故障的一般处理方法流程三个方面对电源集中监控系统的使用维护作简要的介绍。

一、电源监控系统的使用

日常的电源集中监控系统使用,即对监控系统软件各项功能的使用。只有正确理解监控系统各项功能,才能做到对监控系统的正确、熟练地使用。

1. 监控系统最基本的功能是对电源设备及环境的实时监视和实时控制

地市级监控中心实行24 h值班,主要是对监控区域内的所有监控局(站)进行数据和图像的轮巡并记录,包括熟练切换每个监控局(站),能以图、表或其他软件提供的功能查看各监控局站设备及环境数据等。

监控系统通过各种遥控功能,能够根据数据分析结果或根据预先设定的程序,对设备的工作状态和工作参数进行远程控制、调整,提高其运行效率,降低能耗,实现科学管理。

2. 分析电源系统运行数据,协助故障诊断,做好故障预防

通过监控系统,对电源设备的各种运行参数(包括实时数据、历史数据和运行曲线等)进行观察和分析,可以及早发现设备的故障隐患,并采取相应的措施,把设备的故障消除在萌芽状态,进一步提高通信电源系统的可靠性、安全性。例如,通过监控数据分析,可以及早发现交流三相不平衡、整流模块均流特性差、蓄电池均压性差、设备运行长期处于告警边缘(如交流电压)及设备监测量发生非正常突变(如电流突然变大)等情况,及时采取措施,防患于未然。监控系统的高度智能化可以协助维护人员进行类似的分析。

3. 辅助设备测试

对电源设备进行性能测试是了解设备质量、及时发现故障、进行寿命预测的重要手段,监控系统可以在设备测试过程中详细记录各种测试数据,为维护人员提供科学的分析依据,比如,蓄电池组的放电试验。

4. 实现维护工作的管理与监督

监控系统可以根据预先设定的程序,提醒维护人员进行例行维护工作,如定期巡检、试机、更换备品、清洗滤清器等,也可以根据所监测的设备状况,提醒维护人员进行加油、加水、充电等必要的维护工作,还可以对维护人员的维护工作进行监督管理。例如,通过交接班记录、故障确认及处理记录等,可以了解维护人员是否按时交接班,是否及时进行故障确认和处理,处理结果如何等。

此外,通过监控系统提供的巡更、考勤等功能,可以协助管理部门更好地实现各种维护、巡检的管理与监督。

5. 其他

设备管理、人员管理和资料管理等档案信息管理是监控系统提供的重要辅助管理功能。充分发挥信息管理功能,将各个通信局(站)电源系统的设备情况、交直流供电系统图、防雷接地系统图、机房布置平面图、交直流配电屏输出端子编号及所接负载以及维护管理人员等信息录入监控系统,并做到及时更新,可以使维护管理人员准确、便捷地查询各种信息,及时掌握各个局(站)的供电情况和设备运行状况,并以此为根据,有的放矢地指导设备维护和检修,进行人员调度,制定更合理、更有效的维护作业计划和设备更新计划。

二、电源监控系统的维护体系

为了充分利用监控系统的科学管理功能,发挥其最大的作用,在电源维护管理体制上必须与之相适应。建立一种区别于传统的维护体制,要求既要能够提高维护质量,减少资源浪费,又能充分调动维护人员的积极性,建立起良好的协调配合机制。

目前各大通信运营商正在尝试新的维护管理体制,并在实践中逐步完善。在新的维护体制下,原有的交换、传输和电源等专业合并成统一物理平台的网络监控中心,各专业人员负责本专业系统网络的工作。电源专业根据这套维护管理体系可分为监控值班人员、应急抢修人员和技术维护人员。

1. 监控值班人员

监控值班人员是各种故障的第一发现人和责任人,也是监控系统的直接操作者和使用者。

值班人员的主要职责是：坚守岗位，监测系统及设备的运行情况，及时发现和处理各种告警；进行数据分析，按要求生成统计报表，提供运行分析报告；协助进行监控系统的测试工作；负责监控中心部分设备的日常维护和一般性故障处理。

对监控值班人员的素质要求是：具有一定的通信电源知识和计算机网络知识，了解监控系统的基本原理和结构；能够熟练地掌握和操作监控系统所提供的各种功能，处理监控中心一般性的故障。

2. 技术维护人员

当值班人员发现故障告警后，需要相应的技术维护人员进行现场处理，包括电源系统和监控系统本身。此外，技术维护人员日常更重要的职责是对系统和设备进行例行维护和检查，包括对电源和空调设备、监控设备、网络线路和软件等的检查、维护、测试、维修等，建立系统维护档案。对技术维护人员的素质要求是：具有较高的专业技术，对所维护的设备及系统非常熟悉，丰富的通信电源、计算机网络和监控知识及维护经验。

3. 应急抢修人员

当发生紧急故障，需要一支专门的应急抢修队伍进行紧急修复，同时该队伍还可以承担一定的工程职责（比如电源的割接设备安装等）和配合技术支撑维护人员进行日常维护工作。

对应急抢修人员的素质要求是：综合素质要求高，特别是协调工作的能力和应变的能力，同时要求有很高的专业知识和丰富的经验。

以上各种人员除了具有较高的专业知识和经验以外，还都应具有良好的心理素质和高度的责任心，同时，他们需要有一个管理协调部门来统一指挥、统一调度，这就是网络管理中心，同时网络管理中心还可以负担诸如维护计划的编制、人员的考核培训和其他部门的交流合作等。

三、电源监控系统告警排除

电源监控系统的故障，包括电源系统故障和监控系统故障，监控途径有：

(1)通过监控告警信息发现，比如市电停电告警。

(2)通过分析监控数据（包括实时数据和历史数据）发现，如直流电压抖动但没有发生告警。

(3)观察监控（电源）系统运行情况异常发现，比如监控系统误告警等。

(4)进行设备例行维护时发现，比如熔断器过热等。

因为大多数故障是通过监控系统告警信息发现的，因此，及时、准确地分析和处理各类告警，成为一项非常重要的工作职责。告警信息按其重要性和紧急程度划分为一般告警、重要告警和紧急告警。

一般告警是指告警原因明确，告警的产生在特定时间不足以影响该区域或设备的正常运行，或对告警产生的影响已经得到有效掌控、无需立即进行抢修的简单告警。

重要告警是指引起告警的原因较多，告警的产生在特定的时间可能会影响该区域或设备的正常运行、故障影响面较大、不立即进行处理肯定会造成故障蔓延或扩大的重要端局的环境或设备的告警。

紧急告警是指告警的产生在特定时间可能或已经使该区域或设备运行的安全性、可靠性受到严重威胁，故障产生的后果严重，不立即修复可能会造成重大通信事故、安全事故的机房安全告警或电源空调系统告警。

当值班人员发现告警后,应立即进行确认,并根据告警等级和告警内容进行分析判断并进行相应处理,派发派修单。维护人员根据派修单上所提供的信息进行故障处理,故障修复后,维护人员应及时将故障原因、处理过程、处理结果及修复时间填入派修单,返回监控中心,监控中心进行确认后再销障、存档。

四、监控系统维护的主要项目

1. 系统均流

检测标准:各模块超过半载时,整流模块之间的输出电流不平衡度低于5%。

检测方法:通过监控单元观察每个模块的输出电流,计算不平衡度;通过观察各模块上的输出电流显示值,计算不平衡度。

处理方法:当出现模块之间输出电流分配不均衡(不平衡度大于 5%)时,可以通过监控单元或模块面板上的电压调节电位器,将输出电流较大的模块输出电压调低直至电流均衡,或将输出电流较小的模块电压调高直至均衡。

2. 电压电流显示

检测标准:模块电压、母排电压、监控单元显示各输出电压之间偏差小于 0.2 V;模块显示电流、充电电流、负载总电流代数和不大于 0.5 A。

检测方法:从监控单元、整流模块读取各电压、电流值,根据以上标准作出判断。

3. 参数设定

检测标准:根据上次设定参数的记录(参数表)作符合性检查。

处理方法:对不符合既定要求的参数重新设定,参数测定的操作方法参看《用户手册》。

4. 通信功能

检测标准:系统各单元与监控单元通信正常,告警历史记录中没有某一单元多次通信中断告警记录。

5. 告警功能

检测标准:发生故障必须告警。

检测方法:对现场可试验项抽样检查,可试验项包括:交流停电、防雷器损坏带告警灯或告警接点的防雷器)、直流熔丝断(在无负载熔丝上试验)等。

6. 保护功能

检测标准:根据监控单元参数设定或设备出厂整定的参数作符合性检查。

检测方法:运行中的设备一般不易检测此项,只有在设备经常发生交流或直流保护,判断为电源保护功能异常时做此检测。通过外接调压器试验交流过欠压保护功能;通过强制放电检测直流欠压保护功能。

7. 管理功能

检测标准:监控单元提供的计算、存储和电池自动管理功能。可查询项为告警历史记录;可试验项为电池自动管理功能。

检测方法:存储功能:模拟告警,监控单元将记录告警信息;电池自动管理:交流上电 15 min以上,上电后系统进入自动均充转浮充充电过程。

本章小结

1. 通信电源集中监控管理系统是一个分布式计算机控制系统,它通过对通信电源系统及机房环境进行遥测、遥信和遥控,实时监视系统和设备的运行状态,记录和处理监控数据,及时监测故障并通知维护人员处理,从而达到少人或无人值守,提高供电系统的可靠性和通信设备的安全性。

2. 通信电源集中监控管理系统的功能可以分为监控功能、交互功能、管理功能、智能分析功能及帮助功能等五个方面。

3. 计算机系统(包括 SM,SU)之间要进行通信,必须在物理接口和通信协议上一致,如果不一致,前者应使用接口转换器,后者使用协议转换器(一般协议转换器兼具有接口转换的功能)。

4. RS－232 接口采用负逻辑,传输速率为 1 Mbit/s 时,传输距离小于 1 m,传输速率小于 20 kbit/s 时,传输距离小于 15 m,RS－232 只适用于作短距离传输。RS－422 采用了差分平衡电气接口,抗干扰能力强,在 100 kbit/s 速率时,传输距离可达 1200 m,在 10 Mbit/s 时可传 12 m。RS－485 是 RS－422 的子集,RS－422 为全双工结构,RS－485 为半双工结构。动力监控现场总线一般都采用 RS－422 或 RS－485 方式。

5. 电源监控系统常用的网络传输资源有 PSTN、DDN、ISDN 等。常见的传输组网设备有:接入设备多串口卡、远程访问服务器、通信设备调制解调器(Modem)、数据端接设备(DTU)、交换设备路由器、辅助设备网卡、收发器和中继器等。

6. 一个省级电源集中监控系统的分层体系结构由省级监控中心(PSC)、地市级监控中心(SC)、县市级监控中心(SS)、监控局站(SU)和监控模块(SM)所组成,为树形拓扑连接。

7. 远程实时图像监控是对动力数据监控的性能补充,它采用先进的数字图像压缩编解码处理技术,可以实施大范围、远距离的图像集中监控,图像清晰度高,实时性好,组网方便,可实现告警联动,实时告警录像等功能。

8. 日常的电源集中监控系统使用,即是对监控系统软件各项功能的使用。只有正确理解监控系统各项功能,才能做到对监控系统的正确、熟练地使用。

9. 为了充分利用监控系统的科学管理功能,必须建立与之相适应的电源维护管理体制,电源专业根据这套维护管理体系可分为监控值班人员、应急抢修人员和技术维护人员等。

10. 大多数故障是通过监控系统告警信息发现的,告警信息按其重要性和紧急程度分为一般告警、重要告警和紧急告警。

11. 电源监控系统分为集散式监控系统和集中式监控系统。

复习思考题

1. 集中监控实施有何意义?

2. 告警屏蔽功能和告警过滤功能有什么区别? 举例说明。

3. 什么是三遥功能? 举例说明。

4. 电源集中监控系统的参数配置功能有哪些？请分别举例说明。

5. 请列举 4 种常见的传输资源。

6. 画一个省级电源集中监控系统的分层体系结构示意图。

7. 远程实时图像监控由哪些部分组成？

8. 谈一谈就你理解的电源集中监控维护管理体系应该是怎样的？如果你是监控值班人员，你日常的主要工作有哪些？

9. 电源监控系统的特点有哪些。

10. 试画出集散式监控系统结构框图。

11. 电源监控系统是如何实现电池自动管理的？

12. 简述监控模块的控制功能有哪些？

第八章

电源工程设计

通信电源系统容量设计的基本依据是电网供电等级（用来确定电池支撑时间和后备油机的配置）、电网运行状态（用来确定充电策略）和近期或终期负载电流大小。如果直接按照用户期望的电池供电支撑时间设计，可以不考虑电网状况。

第一节　电源系统容量配置参考

一、电池容量计算

在确定了期望的电池支撑时间（或电池放电小时数）T 与电池平均工作环境温度 t 以后，电池容量 Q 与负载电流 I 之间的关系可以表达为

$$Q = CI$$

其中 C 从表 8-1 查询。

表 8-1　不同温度下 C 与 T 值的关系表

每组电池放电小时数 T(小时)	0.5	1	1.25	2	3	4	5	6	8	9	10	12	16	20
$t=5$℃时容量计算系数 C	1.7	2.38	2.75	3.9	4.76	6.03	7.17	8.03	10.13	11.05	11.9	14.29	19.05	23.81
$t=10$℃时容量计算系数 C	1.62	2.27	2.63	3.73	4.55	5.75	6.85	7.66	9.67	10.54	11.36	13.64	18.18	22.73
$t=15$℃时容量计算系数 C	1.55	2.17	2.52	3.56	4.35	5.5	6.55	7.33	9.25	10.09	10.87	13.04	17.39	21.74

注：本表数据来源于《电信工程设计手册17—通信电源》，人民邮电出版社出版。

二、系统配置计算

系统配置计算的依据是：

1. 电池备用方式

电池备份分为无备份和 1+1 备份两种。无备份时，一组电池可以满足放电小时数；1+1 备份时，任何一组电池损坏都可以满足放电小时数。有时为了选型方便或运行安全，将单组电池容量分成两组电池，每组电池可以满足一半的放电小时数。

2. 整流器备用方式

整流器备份一般采用 $N+1$ 备份，局部地区也采用电池充电容量备份，即电池充电只在较短时间内发生，多数情况下为电池充电设计的整流器容量处于备用状态。

3. 充电系数 a

基于电网停电频率和平均停电持续时间来确定。如果停电频率较高（3～4 次/月）且持续时间长（接近或大于电池放电小时数），电池的充电系数可以选择的大一些，如 0.15～0.2，但

不能超过部标的极限值 0.25。电网较好的局站,充电系数一般选择在 0.1~0.15 之间。

4. 扩容考虑

如果局站近期负荷小、终期负荷大,为了减小近期投资额,可以按照近期负荷容量 I 进行设计。整流器容量 I_z 配置计算公式为

$$I_z = I + K \times a \times Q$$

式中 I_z——计算的整流器总容量,A;

  I——近期或终期负荷电流,A;

  K——电池备用系数。无备份取 1,1+1 备份取 2;

  a——充电系数,取值范围为 0.1~0.2;

  Q——10 h 放电率电池容量,A·h。

整流器的配置个数 N 的确定通过 I_z 与单体整流器容量的比值取整计算得出。根据备用方式确定最后需要配置的整流器数量。

第二节 交直流供电系统电力线的选配

决定了应配备的电力机器后,再确定机器的布置,然后需要决定组成电源系统各种机器的电线种类,线径,长度等。这些配线的组成大致区分为:交流回路、直流回路、信号电源等杂放电线和控制、警报回路、接地回路。考虑通电容量,机械强度,负荷条件,布设条件等,从技术方面、经济方面进行最合适的设计。

一、交流供电回路的配线设计

通信用电源设备的交流配线有受电设备的配线,直流供电方式的各种整流设备的输入线,交流供电方式的输入输出线及内燃机发电机的输出线等,采用三芯或双芯的 IV 线和 CV 电缆,特别是大容量时使用铜母线、铝母线等。

通过线径根据温升决定的安全电流来选定。亦即电缆之类的发热主要是由于导体电阻产生损失,为了把发热控制在允许值内,必须限制电流大小。此外,机器配置和配线的关系,在分多层敷设的情况下,必须进一步递减允许电流值。这样,除了在规定条件下决定的容许温度和电压降外,配线还要注意以下几项:

1. 必须不损坏负荷的性能。

2. 负荷端电压的变动幅度要小。

3. 各负荷的端电压要均匀一致。

4. 要减小配线中的电力损失。

5. 要经济。

鉴于以上情况,一般电压降值在输入电压的 2% 以内。而且,在数据通信方式中采用的电源,在瞬变时也要求高精度的交流电压,当计算允许电压降低时,可采用考虑了配线电阻和电感两方面因素的公式进行设计,相应公式为

$$S = \frac{\sqrt{3} \times 0.018 \times K \times I \times M}{V} \quad (\text{mm}^2)$$

式中 S——所需线截面积,mm²;

  K——使用不同电缆截面积的常数,与设计使用年数有关;

I——设计电流，A；

M——配线距离，m；

V——允许电压降，V。

若按经济电流密度计算，则有：

$$S = \frac{I_m}{J_i}$$

式中　I_m——最大负荷电流，A；

J_i——经济电流密度，A/mm²。

例：某局最大负荷电流为 70 A，最大负荷年利用小时数达 4 000 h 经济电流密度为 2.25 A/mm²，所需铜缆线径为

$$S = \frac{I_m}{J_i} = \frac{70}{2.25} = 31.1$$

由此得出应使用 35 mm² 的铜缆。

二、交流回路电力线的敷设

电源导线的敷设应满足如下要求：

(1)按电源的额定容量选择一定规格、型号的导线，根据布线路由、导线的长度和根数进行敷设。

(2)沿地槽、壁槽、走线架敷设的电源线要卡紧绑牢，布放间隔要均匀、平直、整齐；不得有急剧性转变或凹凸不平现象。

(3)沿地槽敷设的橡皮绝缘导线(或铅包电缆)不应直接和地面接触、槽盖应平整、密缝并油漆，以防潮湿、霉烂或其他杂物落入。

(4)当线槽和走线架同时采用时，一般是交流导线放入线槽、直流导线敷设在走线架上。若只有线槽或走线架，交、直流导线亦应分两边敷设，以防交流对通信的干扰。

电源线布放好后，两端均应腾空，在相对湿度不大于75％时，以 500 V 兆欧表，测量其绝缘电阻是否符合要求(2 MΩ 以上)。

三、直流供电回路电力线的组成

直流供电回路的电力线，包括除远供电源架出线以外的所有电力线，如蓄电池组至直流配电设备，直流配电设备至变换器、通信设备、电源架、列柜、安装在交流屏上的事故照明控制回路进线端子和高压控制或信号设备的接线端子，电源架、列柜和变换器至通信设备，事故照明控制回路出线端子至事故照明设备，列柜至信号设备，以及各种整流器至直流配电设备或蓄电池的导线，等等。

上述各段导线中，直流配电设备至高压控制及信号设备的电力线，应按容许电流选择，并在必要时按容许电压降校验；直流屏内浮充用整流器至尾电池的导线(在直流屏内部的部分)，应按容许电流选择，并按机械强度校验；整流器至直流配电屏的导线，一般应按容许电流选择，但在该段导线使用母线时，可按机械强度选择，而按允许电流校验。其余部分的导线，均应按蓄电池至用电设备的容许电压降选择；在使用变换器时，按变换器至通信设备的容许电压降选择。按导线的长期容许电流选择导线时，要根据导线可能承担的最大电流，对照导线容许载流量的敷设条件下的修正值，来确定导线截面。按允许电压降计算选择直流电力线时，也要根据

导线可能承担的最大电流计算。下面着重介绍根据允许压降选择电力线的计算方法。

1. 直流供电回路电力线的截面计算

根据允许电压降计算选择直流供电回路电力线的截面,一般有三种方法,即电流矩法、固定分配压降法和最小金属用量法。

2. 电流矩法

采用电流矩法计算导体截面,是按容许电压降来选择导线的方法,它以欧姆定律为依据。在直流供电回路中,某段导线通过最大电流 I 时,根据欧姆定律,该段导线上由于直流电阻造成的压降为

$$\Delta U = IR = \frac{I\rho L}{S} = \frac{IL}{rS}$$

式中　ΔU——导线上的电压降,V;

I——流过导线的电流,A;

R——导体的直流电阻,Ω;

ρ——导体的电阻率,$\Omega \cdot mm^2/m$;

L——导线长度,m;

S——导体截面面积,mm^2;

r——导体的电导率,$m/\Omega \cdot mm^2$。

导体的电导率是其电阻率的倒数。不同材质的电导率也不相同,例如:$r_{铜}=57$;$r_{铝}=34$;单股的钢导体 $r_{钢}=7$,它们的单位是 $m/\Omega \cdot mm^2$。

必须注意,所谓线路导体的总压降 ΔU,是指从直流电源设备(如蓄电池组、变换器等)的输出端子到用电设备(如变换器、通信设备等)的进线端子的最大允许压降中,扣除设备和元器件的实际压降后,所余下的那一部分。

整个供电回路机线设备的最大允许压降,是根据通信等用电设备要求的允许电压变动范围和采用蓄电池浮充供电时的浮充电压、合理的放电终止电压及加尾电池调压时的电压变动情况统筹规定的,其数值见表8—2。

表8—2　配电设备和元器件直流压降参考值

名　称	额定电流下直流压降(mV)
刀型开关	30～50
RTO 型熔断器	80～200
RL1 型熔断器	200
分流器	有 45 和 75 两种,一般按 75 计算
直流配电屏	≤500
直流电源架	≤200
熔断器及机器引下线	≤200

该段导线截面的选定,还要考虑筹料方便、布线美观,特别是主干母线各段规格相差不多时,一般按较大的一种规格选取,以减少导线品种、规格和接头数量。

由于上述计算导线截面的方法中常常用到电流与流经导体长度的乘积,即所谓的电流矩,故上述计算方法习惯上称为电流矩法。

四、固定压降分配法

所谓固定分配压降法,就是把要计算的直流供电系统全程允许压降的数值,根据经验适当地分配到每个压降段落上去,从而计算各段落导线截面面积。如果先后两段计算所得的导线截面显然不合理时,还应当适当调整分配压降重新计算。根据以往的工程实践,这种方法可以简化计算,只是精确性较差,适用于中小型通信工程计算。

例:某局最大负荷电流为 100 A,电池线长度为 20 m,固定压降为 0.5 V,则所需电池线线径应为

$$\Delta U = IR = \frac{I \rho L}{S} = \frac{IL}{rS}$$

$$S = \frac{IL}{r \Delta U} = \frac{100 \times 20}{57 \times 0.5} = 70.2 \quad (\text{mm}^2)$$

由此得出应使用 75 mm² 的铜缆。(20 m 的电池线已包括来回线路的长度)

各种直流供电系统中电压降固定分配数值参见表 8—3。

表 8—3 各种电压下电压降固定分配值

电压种类 (V)	蓄电池至专业室母线接点或电源架分配压降 (V)	专业室母线接点或电源架及其以后至末端设备分配压降 (V)
± 24	1.2	0.6
−48	2.7	0.5

本章集中介绍了机房施工过程中关于电力电缆的选配、设备割接等方面的基本知识,为电力电缆的选配提供了有关的设计要求和计算方法,设备割接主要介绍了割接方案的制定及实施。

某直流负载电流为 60 A,从直流配电设备到负载设备之间的布线长度为 20 m,该段线路分配的容许电压降为 1.2 V,请计算该负载需要的直流供电电缆截面积。

第九章

通信电源安全防护

机房施工过程中的安全防护、蓄电池的维护、电力电缆的选配、设备割接等方面的知识对于电源设备的维护极为重要。本章重点介绍机房的安全防护,主要包括接地与防雷两部分内容,重点内容为电源防雷系统的结构特点及基本组成。

第一节　工程与维护安全事项

在进行设备的各项安装、操作时,应遵守各种安全注意事项信息。在开始操作之前,应仔细阅读操作指示、注意事项,以减少意外的发生。各手册当中的"小心、注意、警告、危险"事项,并不代表所应遵守的所有安全事项,只作为各种操作中安全注意事项的补充。因此,负责通信电源产品安装、操作的人员,必须具备基本的安全事项知识,需经过培训掌握正确的操作方法,并具有相应资格的人员。

进行各种操作时,请遵守所在地的安全规范。手册介绍的安全注意事项只作为当地安全规范的补充。在进行产品、设备的各项操作时,必须严格遵守由公司提供的相关设备注意事项和特殊安全指示,负责产品安装、操作的人员,必须经严格培训,掌握系统正确的操作方法及各种安全注意事项,方可进行设备的各项操作。

一、电气安全

1. 高压

高压电源为设备的运行提供电力,直接接触或通过潮湿物体间接接触高压、市电会带来致命的危险。

交流电源设备的安装,必须遵守所在地的安全规范,进行交流电规范安装的人员,必须具有高压、交流电等作业资格。

操作时严禁在手腕上佩戴手表、手链、手镯、戒指等易导电物体。

发现机柜有水或潮湿时,请立刻关闭电源。

在潮湿的环境下操作时,应严格防止水分进入设备。

不规范、不正确的高压操作,会导致起火或电击意外。交流电电缆的架接、走线经过区域必须遵循所在地的法规和规范。只有具有高压、交流电作业资格的人员才能进行各项高压操作。

2. 电源电缆

在连接电缆之前,确认电缆及电缆标签与实际安装是否相符。

3. 工具

在进行高压、交流电各种操作时，必需使用专用工具，不得使用普通或自行携带的工具。

4. 钻孔

严禁自行在机柜上钻孔。不符合要求的钻孔会损坏机柜内部的接线、电缆，钻孔所产生的金属屑进入机柜会导致电路板短路。

需在机柜上钻孔时，必须使用绝缘保护手套，并移开机柜内部的电缆。

钻孔时，要做好眼睛的保护，飞溅的金属屑可能会伤到眼睛。

严防金属屑进入机柜内部，及时做好金属屑的打扫、清理工作。

不规范的钻孔会破坏机柜的电磁屏蔽性能。

5. 雷雨

严禁在雷雨天气下进行高压、交流电及铁塔、桅杆作业。

在雷雨天气下，大气中会产生强电磁场。因此，为避免雷击损坏设备，要及时做好设备的良好接地。

6. 静电

人体产生的静电会损坏电路板上的静电敏感元器件，如大规模集成电路(IC)等。

在人体移动、衣服摩擦、鞋与地板的摩擦或手拿普通塑料制品等情况下，人体会产生静电电场，并较长时间在人的身体上保存。

在接触设备，手拿插板、电路板、IC 芯片等前，为防止人体静电损坏敏感元器件，必须佩戴防静电手腕，并将防静电手腕的另一端良好接地，如图 9-1 所示。

图 9-1　佩戴防静电手腕图

二、电　　池

进行电池作业之前，必须仔细阅读电池搬运的安全注意事项，以及电池的准确连接方法。

电池的不规范操作会造成危险。操作中必须严格注意、小心防范电池短路或电解液溢出、流失。电解液的溢出会对设备构成潜在性的威胁，会腐蚀金属物体及电路板，造成设备损坏及电路板短路。电池安装、操作前，为确保安全，应注意如下：

摘下手腕上的手表、手链、手镯、戒指等含有金属的物体。

使用专用绝缘工具。

使用眼睛保护装置，并做好预防措施。

使用橡胶手套，佩戴好预防电解液溢出的围裙。

电池在搬运过程中应始终保持电极正面向上，严禁倒置、倾斜。

第二节　电源设备接地系统

一、接地的必要性

接地系统是通信电源系统的重要组成部分，它不仅直接影响通信的质量和电源系统的正常运行，还起到保护人身安全和设备安全的作用。

在通信局站中,接地技术牵涉到各个专业的通信设备、电源设备和房屋建筑等方面。本章主要研究通信和电力设备接地技术问题,至于房屋建筑避雷防护等接地要求,则应遵照相关专业的规定。

在通信局(站)中,通信和电源设备由于以下原因需要接地:

1. 通信回路接地

在电话通信中,将电池组的一个极接地,以减少由于用户线路对地绝缘不良时引起的串话。

用户线路对地绝缘电阻的降低可能引起串话,因为一条线上有些话音电流可能通过周围土壤找到一条通路而流到另一条线路上去。如果将话局的电池组的一个极接地,则一部分泄漏的话音电流将通过土壤流到电池的接地极,因此降低了串音电平。降低程度取决于电池极接地的效果及土壤的电阻率。

根据若干调查说明,如果电池一个极的接地电阻低于 $20\,\Omega$,就有可能使串音保持在适当的限值以内,当然,这一限值并不能作为普遍容许的数值,也就是说存在着更严格的接地电阻要求,因为它随着不同的电话系统而变化,而且还取决于线路的容量、绝缘标准等。

在电话和公用电报通信回路中,利用大地完成通信信号回路。如在电话局中,步进制和纵横制设备利用大地完成局间二线中继器的起动和单线送脉冲等,长途对市内电话进行强拆,三线式局间中继器是否被占用的标志,以及监视设备对地绝缘状况,如 a 线接地告警信号、记数器脉冲信号等。

在直流远距离供电回路中,利用大地完成导线—大地制供电回路。

2. 保护接地

将通信设备的金属外壳和电缆金属护套等部分接地,以减小电磁感应,保持一个稳定的电位,达到屏蔽的目的,减小杂音的干扰。

磁场可能在电缆中感应出相当大的纵向电压,由于在电路中某些点上的不对称性,这种纵向电压会形成横向的杂音电压,故只有当电缆的金属护套是接地时,可以减少感应电压。

将电源设备的不带电的金属部分接地或接零,以免产生触电事故,保护维护人员人身安全,另外,为了防止电子设备和易燃油罐等受静电影响而需要接地。

3. 交流三相四线制中性点接地

在交流电力系统中,将三相四线制的中性点接地,并采用接零保护,以便在发生接地故障时迅速将设备切断。也可以降低人体可能触及的最高接触电压,降低电气设备和输电线路对地的绝缘水平。

4. 防雷接地

为了避免由于雷电等原因产生的过电压危及人身和击毁设备,应装设地线,让雷电流尽快地入地。

二、接地系统的组成

1. 地

接地系统中所指的地,即一般的土地,不过它有导电的特性,并具有无限大的容电量,可以用来作为良好的参考电位。

2. 接地体(或接地电极)

为使电流入地扩散而采用的与土地成电气接触的金属部件。

3. 接地引入线

把接地电极连接到地线盘(或地线汇流排)上去的导线。在室外与土地接触的接地电极之间的连接导线则形成接地电极的一部分,不作为接地引入线。

4. 地线排(或地线汇流排)

专供接地引入线汇集连接的小型配电板或母线汇接排。

5. 接地配线

把必须接地的各个部分连接到地线盘或地线汇流排上去的导线。

由以上接地体、接地引入线、地线排或接地汇接排、接地配线组成的总体称为接地系统。

电气设备或金属部件对一个接地连接称为接地。

三、接地系统的作用

1. 通信局(站)蓄电池正极或负极接地的作用

电话局蓄电池组−48 V 或−24 V 系正极接地,其原因是减少由于继电器或电缆金属外皮绝缘不良时产生的电蚀作用,因而使继电器和电缆金属外皮受到损坏。因为在电蚀时,金属离子在化学反应下是由正极向负极移动的。继电器线圈和铁芯之间的绝缘不良,就有小电流流过,电池组负极接地时,线圈的导线有可能蚀断。反之,若电池组正极接地,虽然铁芯也会受到电蚀,但线圈的导线不会腐蚀,铁芯的质量较大,不会招致可察觉的后果。正极接地也可以使外线电缆的芯线在绝缘不良时免受腐蚀。

2. 触电对人体的危险性

根据研究认为,流经人体的电流,当交流在 15~20 mA 以下或直流在 50 mA 以下时,对人身不发生危险,因为这对大多数人来说,是可以不需别人帮助而自行摆脱带电体的。但是即使是这样大小的电流,若长时间地流经人体,依然是会有生命危险的。

根据多次的试验证明:100 mA 左右的电流流经人体时,毫无疑问是要使人致命的。容许通过心脏的电流与流经电流时间的平方根成正比,其关系为

$$I = \frac{116}{\sqrt{T}} \qquad (mA)$$

式中 T 的单位为 s。

人体各部分组织的电阻,以皮肤的电阻为最大。当人体皮肤处于干燥、洁净和无损伤时,可高达 $10^4\ \Omega$,但当皮肤处于潮湿状态时,则会降低到 $1\,000\ \Omega$ 左右。此外当触电时,若皮肤触及带电体的面积愈大,接触得愈紧密,也都会使人体的电阻减少。

流经人体的电流大小与作用于人体电压的高低并不是成直线关系的。这是因为随着电压的增高,人体表皮角质层有电解和类似介质击穿的现象发生,使人体电阻急剧地下降,而致电流迅速增大,产生严重的触电事故。

根据环境条件的不同,我国规定的安全电压值为:

在没有高度危险的建筑物中为 65 V;在高度危险的建筑物中为 36 V;在特别危险的建筑物中为 12 V。

3. 保护接地的作用

以上谈到触电的危险性,为了避免触电事故,需要采取各种安全措施,而其中最简单有效和可靠的措施是采用接地保护,就是将电气设备在正常情况下,不带电的金属部分与接地体之间作良好的金属连接。

在讨论保护接地时,先对接触电压和跨步电压的概念加以说明。

(1)接触电压

在接地电流回路上,一人同时触及的两点间所呈现的电位差,称为接触电压。接触电压在愈接近接地体处时其值则愈小,距离接地体或碰地处愈远时则愈大。在距接地体处或碰地处约 20 m 以外的地方,接触电压最大,可达电气设备的对地电压。

(2)跨步电压

当电气设备碰壳或交流电一相碰地时,则有电流向接地体或着地点四周流散出去,而在地面上呈现出不同的电位分布,当人的两脚站在这种带有不同电位的地面上时,两脚间呈现的电位差叫跨步电压。

保护接地的作用如下:如未设保护接地时,人体触及绝缘损坏的电机外壳时,由于线路与大地间存在电容或线路上某处绝缘不好,则电流就经人体而成通路,这样就会遭受触电的危害。

有接地措施的电气设备,当绝缘损坏外壳带电时,接地短路电流将同时沿着接地体和人体两路通路流过,流过每一条通路的电流值将与其电阻的大小成反比,即

$$\frac{I_{\mathrm{R}}}{I'_{\mathrm{d}}} = \frac{r_{\mathrm{d}}}{r_{\mathrm{R}}}$$

式中　I'_{d}——沿接地体流过的电流,A;

　　　I_{R}——流经人体的电流,A;

　　　r_{R}——人体的电阻,Ω;

　　　r_{d}——接地体的接地电阻,Ω。

从上式中可以看出,接地体电阻愈小,流经人体的电流也就愈小。通常人体的电阻比接地体电阻大数百倍,所以流经人体的电流也就比流经接地体的电流小数百倍。当接地电阻极为微小时,流经人体的电流几乎等于零,也就是 $I_{\mathrm{d}} \approx I'_{\mathrm{d}}$。因而,人体就能避免触电的危险。

4. 接零的作用

在通信局站中,220/380 V 交流电源,采用中性点直接接地的系统,电力设备的外壳一般均采用接零的方法,即 TN 系统中接零型式。

在三相 TN 系统中,之所以采用接零的方法,是因为电压在 1 000 V 以下中性点接地良好系统中,无论电气设备采取保护接地与否,均不能防止人体遭受触电的危险,以及短路电流达不到保证保护设备可靠动作,即短路电流达不到自动开关整定电流的 1.5 倍或熔断器额定电流的 4 倍,故采用接零保护。

常用交流供电系统分为 TN-C 系统(三相四线制)和 TN-S(三相五线制)系统等。

5. 重复接地的作用

在 TN 系统中要求电源系统有直接接地点,我国强调重复接地,以防止因保护线断线而造成的危害,增设重复接地是有作用的。

在中性点直接接地的低压电力网中,零线应在电源处接地,电缆和架空线在引入车间或大型建筑物处零线应重复接地(但距接地点不超过 50 m 者除外),或在室内将零线与配电屏、控制屏的接地装置相连。

四、接地系统的分类

1. 直流接地系统

按照性质和用途的不同,直流接地系统可分为工作接地和保护接地两种,工作接地用于通

信设备和直流通信电源设备的正常工作,而保护接地则用于保护人身和设备的安全。

下列部分接到直流接地系统上:

(1)蓄电池组的正极或负极(不接地系统除外)。

(2)通信设备的机架。

(3)总配线架的铁架。

(4)通信电缆的金属隔离层。

(5)通信线路的保安器。

(6)程控交换机室防静电地面。

2. 交流接地系统

交流接地系统用于由市电和油机发电设备供电的设备,也可以分为工作接地和保护接地两种。在接地的交流电力系统中,如 380/220 V 三相 TN 制供电系统,其中性点必须接地组成接零系统,作为工作接地,同时具有保护人身安全作用,如图 9-2 所示。

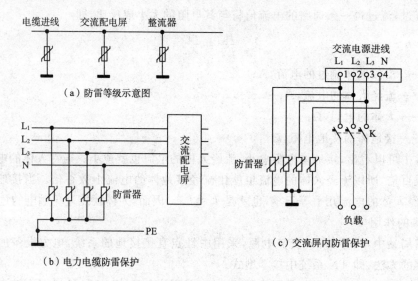

图 9-2　通信局(站)交流配电系统防雷措施

下列部分接到交流接地系统上:

(1)380/220 V 三相 TN 制电力网的中性点。

(2)变压器、电机、整流器、电器和携带式用电器具等的底座和外壳。

(3)互感器的二次绕组。

(4)配电屏与控制屏的框架。

(5)室内外配电装置的金属构架和钢筋混凝土框架及靠近带电部分的金属围栏和金属门。

(6)交直流电力电缆和控制电缆的接线盒、终端盒、外壳和电缆的金属护套、穿线的钢管等。

(7)微波天线塔的铁架。

在中性点直接接地的低压电力网中,重复接地也是交流接地系统的一部分。

3. 测量接地系统

在较大型的通信局(站)工程中,为了测量直流地线的接地电阻,设置固定的接地体和接地引入线,单独作为测试仪表的辅助接地用。

4. 防雷接地系统

为了防止建筑物或通信设施受到直击雷、雷电感应和沿管线传入的高电位等引起的破坏，而采取把雷电流安全泄掉的接地系统，有关建筑物和通信线路等设施的防雷接地，应遵照相关专业的规定设计。

5. 联合接地

在通信系统工程设计中，通信设备受到雷击的机会较多，需要在受到雷击时使各种设备的外壳和管路形成一个等电位面，而且在设备结构上都把直流工作接地和天线防雷接地相连，无法分开，故而局站机房的工作接地、保护接地和防雷接地合并设在一个接地系统上，形成一个合设的接地系统，系统结构如图9－3所示。

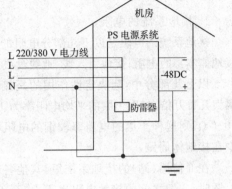

图9－3　"三地合一"接地系统结构示意图

在按分设的原则设计的接地系统中，往往存在下列问题：

(1)有些微波机，直流接地、交流保护接地和防雷接地不能分开。

(2)交流电源设备外壳的交流保护接地线和直流接地由于走线架、铅包电缆等连接，也难于分开。

(3)由于随机的和无法控制的连接，并由于大电流的耦合，各种接地极常常是不可能确保分开的。

(4)因为与不同的接地极相连接的各部分之间有可能产生电位差，故有着火和危害人的生命的危险。

因此，有的国家已采用各种接地系统合设的原则。根据国际电报电话咨询委员会《电信装置的接地手册》的比较，提出在若干电话交换局及终端和中间增音站中进行测量得出的结果如下：

所有电信设备和电源装置使用共用的接地，对电话电路中的干扰并无影响。当一个网路的中线接到共用的接地时，干扰并不增加；相反，有些情况下干扰减小，这也许是接地电阻改善的缘故。

目前，在邮电部设计的个别通信枢纽工程中，试用了合设接地系统的设计。根据邮电部对通信局(站)影响的试验报告中提出，直流通信接地和交流接零相连，可以使电位升高增加通信的杂音。但若电位升不超过1 V时，对交换设备和明线载波通路中所产生的杂音影响不大。

如果公共接地系统的电阻很小，杂音影响是可以减小的，国际电报电话咨询委员会《电信装置的接地手册》中测出的结果也是一样，干扰并无影响，而在有些情况下干扰减少了。

采用主楼基础和钢筋躯体作为接地极，它们的接地电阻比较小，一般在0.15～0.25 Ω之间。

在合设的接地系统中，为了抑制交流三相四线制供电网路中不平衡电流的干扰，建议在通信机房及有关布线系统中，采用三相五线制布线，即电源设备的中性线与保护接零互相绝缘，自地线盘或接地汇流排上分别直接引线到中性点端子和接零保护端子。

在合设的接地系统中，为使同层机房内形成一个等电位面，建议从每层楼的钢筋上引出一根接地扁钢，必要时供有关设备外壳相连接，有利于设备和人员的安全。

目前合设的接地系统中要注意的一个问题是,如何在雷击时不使高电位通过各种线路引出到对方局站。要解决这个问题需要有关专业共同研究,如在配线架上装设避雷器等装置予以解决。

五、接地系统的电阻和土壤的电阻率

1. 接地系统的电阻

接地系统的电阻是以下几部分电阻的总和:土壤电阻;土壤电阻和接地体之间的接触电阻;接地体本身的电阻;接地引入线、地线盘或接地汇流排及接地配线系统中采用的导线的电阻。

以上几部分中,起决定性作用的是接地体附近的土壤电阻。因为一般土壤的电阻都比金属大几百万倍,如取土壤的平均电阻率为 1×10^4 Ω·m,而 1cm^3 铜在 20 ℃时的电阻为 0.0175×10^{-4} Ω,则这种土壤的电阻率较铜的电阻率大 57 亿倍。接地体的土壤电阻的分布情况主要集中在接地体周围。

在通信局(站)的接地系统里,其他各部分的电阻都比土壤小得多,即使在接地体金属表面生锈时,它们之间的接触电阻也不大,至于其他各部分则都是用金属导体构成,而且连接的地方又都十分可靠,所以它们的电阻更是可以忽略不计。

但在快速放电现象的过程中,例如"过压接地"的情况下,构成接地系统的导体的电阻可能成为主要的因素。如果接地电极与其周围的土壤接触得不紧密,则接触电阻可能影响接地电阻达到总值的百分之几十,而这个电阻可能在波动冲击条件下由于飞弧而减小。

2. 土壤的电阻率

决定土壤电阻率的因素很多,衡量土壤电阻大小的物理量是土壤的电阻率,它表示电流通过 1m^3 土壤的这一面到另一面时的电阻值,代表符号为 r,单位为 Ω·m。在实际测量中,往往只测量 1cm^3 的土壤,所以 r 的单位也可采用 Ω·cm,1 Ω·m=100 Ω·cm

土壤的电阻率主要由土壤中的含水量及水本身的电阻率来决定,决定土壤电阻率的因素很多,如土壤的类型;溶解在土壤中的水中的盐的化合物;土壤中溶解的盐的浓度;含水量(水表);温度(土壤中水的冰冻状况);土壤物质的颗粒大小及颗粒大小的分布;密集性和压力;电晕作用。

3. 接地体和接地导线的选择

接地体一般采用的镀锌材料:

(1)角钢,50 mm×50 mm×5 mm 角钢,长 2.5 m。

(2)钢管,Φ50 mm,长 2.5 m。

(3)扁钢,40×4 mm²。

通信直流接地导线一般采用的材料:

(1)室外接地导线用 40×4 mm² 镀锌扁钢,并应缠以麻布条后再浸沥青或涂抹沥青两层以上。

(2)室外接地导线用 40×4 mm² 镀锌扁钢,在换接电缆引入楼内时,电缆应采用铜芯,截面不小于 50 mm²。如在楼内换接时,可采用不小于 70 mm² 的铝芯导线。不论采用哪一种材料,在换接时应采取有效措施,以防止接触不良等故障。

由地线盘或地线汇流排到下列设备的接地线,可采用不小于以下截面的铜导线:

(1)24 V、−48 V、−60 V 直流配电屏　　　　　　　　　　　　　95 mm²

(2)±60 V、±24 V 直流配电屏　　　　　　　　　　　　　　　25 mm²

（3）电力室直流配电屏到自动长市话交换机室和微波室　　95 mm²

（4）电力室直流配电屏到测量台　　25 mm²

（5）电力室直流配电屏到总配线架　　50 mm²

4. 交流保护接地导线

根据《低压电网系统接地型式的分类、基本技术要求和选用导则》的初稿,保护线的最小截面如下:

相线截面 $S \leqslant 16$ mm² 时,保护线 S_p 为 S。

相线截面 $16 < S \leqslant 35$ mm² 时,保护线 S_p 为 16 mm²。

相线截面 $S > 35$ mm² 时,保护线 S_p 为 $S/2$ mm²。

5. 接地电阻和土壤电阻率的测量

通信局（站）测量土壤电阻率（又称土壤电阻系数）有以下几个作用:

（1）在初步设计勘查时,需要测量建设地点的土壤电阻率,以便进行接地体和接地系统的设计,并安排接地极的位置。

（2）在接地装置施工以后,需要测量它的接地电阻是否符合设计要求。

（3）在日常维护工作中,也要定期对接地体进行检查,测量它的电阻值是否正常,作为维修或改进的依据。

6. 测量接地电阻的方法

测量接地电阻通常有下列几种方法:

（1）利用接地电阻测量仪器的测量法。

（2）电流表—电压表法。

（3）电流表—电功率表法。

（4）电桥法。

（5）三点法。

上述测量方法中,以前两种方法最普遍采用。但不管采用哪一种方法,其基本原则相同,在测量时都要敷设两组辅助接地体,用来测量被测接地体与零电位间的电压的一组,称为电压接地体;用来构成流过被测接地本电流回路的另一组,称为电流接地体。

利用电流表—电压表法测量接地电阻的优点是:接地电阻值不受测量范围的限制,特别适用于小接地电阻值（如 0.1 Ω 以下）的测量,利用此法测得的结果也是相当准确的。

若流经被测接地体与电流辅助接地体回路间的电流为 I,电压辅助接地体与被测接地体间的电压为 V,则被测接地体的接地电阻为:

$$R_0 = \frac{V}{I}$$

为了防止土壤发生极化现象,测量时必须采用交流电源。同时为了减少外来杂散电流对测量结果的影响,测量电流的数值不能过小,最好有较大的电流（约数十安培）。测量时可以采用电压为 65 V、36 V 或 12 V 的电焊变压器,其中性点或相线均不应接地,与市电网路绝缘。

被测接地体和两组辅助接地体之间的相互位置和距离,对于测量的结果有很大的影响。

第三节　雷电与通信电源安全防护

一、雷电的产生

雷电是一种自然现象,雷电源于异性电荷群体间的起电机制。这里所说的电荷群体既可以是带大量正、负极性电荷的雷云,也可以是附有大量感应电荷的大地或物体表面。我们知道,异性电荷群体间存在着电场,当电荷量增大或电荷间距缩小时,电场强度将增大,若场强增大到超过空气的击穿场强(一般为 $500\sim600\,kV/m^2$)后,就会发生大气放电现象,伴随着强烈的光和声音,这便是人们常说的电闪雷鸣。

二、雷电参数

1. 雷电流波形

雷电流是一个非周期的微秒级(μs)瞬态电流,常用"波头时间/波长时间"来表示,如图9-4所示。波头时间是指雷电波从始点到峰值的时间,波长时间是指从始点经过波峰下降到半峰值的时间。必须注意的是,雷电流在导线上传输后,由于受到传播特性的影响,其波头时间和波长时间都将变长。

在 IEC 标准、国标及原邮电部通信电源入网检测细则中,规定的模仿雷电波形有 $10/350\,\mu s$ 电流波、$8/20\,\mu s$ 电流波、$1.2/50\,\mu s$ 电压波或 $10/700\,\mu s$ 电压波等。这里的 $10/350\,\mu s$ 电流波,是指波头时间为 $10\,\mu s$、波长时间为 $350\,\mu s$ 的冲击电流波;余下类同。

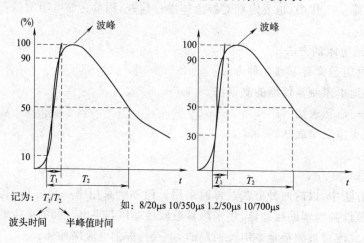

图 9-4 雷电流波形定义

2. 雷电流峰值

雷电流峰值的单位为 kA(千安),其数值一般以统计概率形式给出。若以 $P(i)$ 表示雷电流超过 i 的概率,则有:

$$P(i)=e^{-bi}$$

b 为统计常数,在我国大部分地区 $b=0.021\,kA^{-1}$,在西北及东北省份少雷地区,可取 $b=0.042\,kA^{-1}$。

表9-1给出了我国雷电流概率,$[1-P(i)]$ 即表示雷电流不大于 i 的概率。

表 9-1　我国雷电流峰值概率表($b=0.021\,kA^{-1}$)

i(kA)	10	20	50	100	150	200
$P(i)$(%)	81.1	65.7	35.0	12.2	4.3	1.5
$1-P(i)$	18.9	34.3	65.0	87.8	95.7	98.5

雷电流上升陡度为 $\left(\dfrac{di}{dt}\right)_{max}$

3. 年雷暴日数和年雷暴时数

雷暴日数是一个气象统计数,它规定为若 24 h 内凭听觉听到一次以上的雷声就叫做一个雷暴日。某地区在一年中所记录到的雷暴日数就作为该地区的年雷暴日数。

年雷暴时数的概念与年雷暴日数类似,它更能反映某地区落雷的频度。

年雷暴日数和年雷暴时数是衡量雷害程度的主要参数,一般在当地的气象部门保存有记录数据。

三、雷击种类

我国的雷种主要有直击雷、球雷、感应雷和雷电侵入波四种。

直击雷是雷电与地面、树木、铁塔或其他建筑物等直接放电形成的,这种雷击的能量很大,雷击后一般会留下烧焦、坑洞,突出部分被削掉等痕迹。

球雷是一种紫色或灰紫色的滚动雷,它能沿地面滚动或在空中飘动,能从门窗、烟囱等孔洞缝隙窜入室内,遇到人体或物体容易发生爆炸。

感应雷是指感应过压。雷击于电线或电气设备附近时,由于静电和电磁感应将在电线或电气设备上形成过电压。没听到雷声,并不意味着没有雷击。

雷电侵入波是雷电发生时,雷电流经架空电线或空中金属管道等金属体产生冲击电压,冲击电压又随金属体的走向而迅速扩散,以致造成危害。

危害通信电源的雷击,大部分是雷电侵入波或感应雷。若通信电源遭直击雷或球雷,安装在附近的其他电气(电信)设备一般也将被损坏。

四、我国雷暴活动的特征

各国的雷电多发地区随各自的地貌、气象和地质条件而异。我国幅员辽阔,不同地区的雷电活动相差较大。

1. 我国平均年雷暴日的地理分布特征

东经 105°以东地区的平均年雷暴日具有随纬度减小而递增的趋势,这种趋势在长江以北地区不显著,而在长江以南地区却较为明显。如东北地区的平均年雷暴日约 20～50 日,多数地区为 30～40 日,长江两岸地区增至约 40～50 日,而两广地区则递增至 70～100 日。海南省平均年雷暴日一般大于 100 日,其中部可超过 120 日,这是我国平均年雷暴日最高的地区。

东南沿海地区的平均年雷暴日偏低于同纬度离海岸稍远地区的数值,而小岛屿的平均年雷暴日又偏低于同纬度沿海地区的数值。这种趋势在纬度较高时不明显,反之亦然。如纬度较低的广东汕头的平均年雷暴日为 53 日,同纬度偏西约 200 km 的惠阳则为 88 日,两者相差35 日,又如海南南面陵水地区平均年雷暴日为 85 日,但纬度更低的西沙岛仅为 35 日,两者相差达 50 日。

西北广大地区,如新疆、甘肃和内蒙古的沙漠和戈壁滩,以及青海省柴达木盆地等地区,因气候干旱,平均年雷暴日较低,一般不超过 20 日。其中新疆准格尔盆地古尔班通古特沙漠、塔里木盆地塔克拉玛干沙漠和青海柴达木盆地等广大地区的平均年雷暴日低于 10 日,青海冷湖地区仅 2 日,它可能为我国平均年雷暴日最低的地区。但是,新疆西北角山区的平均年雷暴日一般可达 20～50 日,其中昭苏则高达 91 日。

西南大部分地区,由于地势较高、地形起伏较大,其平均年雷暴日为 50～80 日,往往高于同纬度其他地区的数值。如青藏高原和云贵高原西部等山区,其平均年雷暴日比同纬度内陆地区的数值约偏高 20～40 日。

江湖流域、河谷平原及河谷盆地等地区的平均年雷暴日往往偏低于同纬度其他地区的数值。如湖南岳阳、长沙和衡阳一带的洞庭湖和湘江流域,地势低洼、平坦的四川盆地,以及西藏东南角雅鲁藏布江流域等地区的年雷暴日均偏低于同纬度其他地区的数值。这主要是因这些地区受水面影响,使春末至初秋近地层气温偏低,不利于形成可产生强烈对流运动的不稳定层结,从而使平均年雷暴日偏低。

由此可见,我国平均年雷暴日具有南方多于北方,山地多于平原,内陆多于沿海地区、江湖流域,以及潮湿地区多于干旱地区的地理分布特征。

2. 我国平均年雷暴时的地理分布特征

东经 105°以东地区的平均年雷暴时具有随纬度减小而递增的趋势。如我国东北地区的平均年雷暴时为 50～200 时,多数地区为 70～150 时,长江两岸地区增至 150～200 时,而两广南部地区则增至 400～600 时,个别地区可超过 700 时,如广西西南角的东兴高达 710 时,估计两广南部和海南地区为我国平均年雷暴时的最高地区。

东南沿海地区平均年雷时偏低于同纬度离海岸稍远地区的数值,而小岛屿的平均年雷暴时又偏低于同纬度沿海地区的数值。如广东汕头平均年雷暴时 171 时,而偏西北约 200 km 的连平地区为 272 时,两者相差 101 时;又如海南北面的海口为 471 时,纬度更低的西沙岛则只有 114 时,两者之差高达 357 时。

我国西北广大沙漠、戈壁滩和干旱盆地等地区,平均年雷暴时一般不超过 25 时,为我国平均年雷暴时最低的地区。如新疆乌鲁木齐为 7 时,甘肃敦煌为 9 时,青海冷湖仅 4 时。但新疆西北角山区的平均年雷暴时一般可达 500～200 时,其中昭苏则高达 310 时。

我国西南大部分地区地势较高、地形起伏较大,因此,其平均年雷暴时往往偏高于同纬度其他地区的数值。例如,青藏高原等山区的平均年雷暴时,比同纬度其他地区的数值偏高 50～100 时。

此外,湖南岳阳、长沙和衡阳一带的洞庭湖和湘江流域以及西藏东南角雅鲁藏布江流域等江湖流域地区的平均年雷暴时往往偏低于同纬度其他地区的数值。

由此可见,我国平均年雷暴时的地理分布特征具有与平均年雷日相同的特点,即南方多于北方,山地多于平原,内陆多于沿海地区、江湖流域,以及潮湿地区多于干旱地区等。但是,由于雷暴时与雷暴发生次数和雷暴持续时间有关,因此平均年雷暴时与平均年雷暴日在地理分布上尚存在 些差异。

五、通信电源的防雷

1. 通信电源的动力环境

通信电源动力环境如图 9-5 所示。交流供电变压器绝大多数为 10 kV,容量从 20 kV·A 到 2 000 kV·A 不等。220/380 V 低压供电线短则几十 m,长则数百上千 m 乃至几十 km。市电油机转换屏用于市电和油机自发电的倒换。交流稳压器有机械式和参数式两种,前者的响应时间和调节时间均较慢,一般各为 0.5 s 左右。

2. 雷击通信电源的主要途径

雷击通信电源的主要途径如图 9-6 所示,有以下几种:

变压器高压侧输电线路遭直击雷,雷电流经"变压器→380 V 供电线→…→交流屏",最后窜入通信电源。

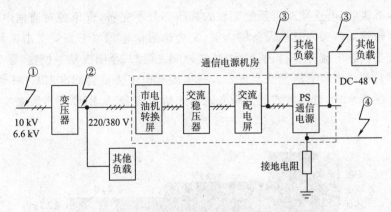

图 9－5　通信电源的典型动力环境

220/380 V 供电线路遭直击雷或感应雷,雷电流经稳压器、交流屏等窜入通信电源。

雷电流通过其他交、直流负载或线路窜入通信电源。

地电位升高反击通信电源。例如:为实现通信网的"防雷等电位连接",现在的通信网接地系统几乎全部采用联合接地方式。这样当雷电击中已经接地的进出机房的金属管道(电缆)时,很有可能造成地电位升高,这时交流供电线通信电源的交流输入端子对机壳的电压 u_P 近似等于地电位。雷电流一般在 10 kA 以上,故 u_P 一般为几万 V 乃至几十万 V。显然,地电位升高将轻而易举地击穿通信电源的绝缘。

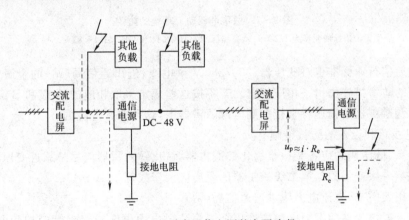

图 9－6　雷击通信电源的主要途径

六、通信电源动力环境的防雷

1. 对通信电源防雷应有的认识

通信局(站),尤其是微波站和移动基站,因雷击而造成设备损坏、通信中断是常有的事情,其中雷电通过电力网和通信电源而造成设备损坏或通信中断的又占有较大的比例。因此,对通信电源的防雷要有足够正确的认识。

首先,任何一项防雷工程都必须兼顾防雷效果和经济性,是概率工程。对防雷的设计越高,所需的投资就会成倍增长。即便不考虑经济性,设计上非常严格的防雷工程也不能保证百分之百不受雷击。例如,著名的美国肯尼迪航天中心(KSC)也发生过数次雷击事故。

其次,通信局(站)的防雷是一项系统工程,通信电源防雷只是这项系统工程的一部分。理论研究和实践都表明,若这项防雷系统工程的其他部分不完备,仅单纯对通信电源防雷,其结果是既做不好通信局(站)内其他设备的防雷,又会给通信电源留下易受雷击损坏的隐患。这是因为雷电冲击波的电流/电压幅值很大,持续时间又极短,企图在某一位置、靠一套防雷装置就解决问题是目前科技水平所无法实现的。根据国际电工委员会标准 IEC664 给出的低压电气设备的绝缘配合水平,对雷电或其他瞬变电压的防护应分 A、B、C 等多级来实现,如图9-7所示。

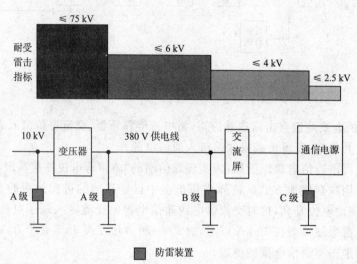

图 9-7　通信电源动力环境的防雷

注:耐受雷击指标的波形为 1.2/50 μs,参照标准为 IEC 664 和 GB 331.1—83

我国的通信行业标准也对变压器、220/380 V 供电线、进出通信局(站)的金属体和通信局(站)机房等的防雷措施作出了相应规定。若不按这些规定采取相应的 A 级和 B 级防雷措施,变压器高压侧避雷器的残压将直接加到电源防雷器上,这是非常危险的。

2. 供电线路和设备的防雷措施

变压器高、低压侧均应各装一组氧化锌避雷器,氧化锌避雷器应尽量靠近变压器装设。变压器低压侧第一级避雷器与第二级避雷器的距离应大于或等于 10 m。

严禁采用架空交、直流电力线进出通信局(站)。

埋地引入通信局站的电力电缆应选用金属铠装层电力电缆或穿钢管的护套电缆,埋地电力电缆的金属护套两端应就近接地。在架空电力线路与埋地电力电缆连接处应装设避雷器,避雷器、电力电缆金属护层、绝缘子、铁脚、金具等应连在一起就近接地。

自通信机房引出的电力线应采用有金属护套的电力电缆或将其穿钢管,在屋外埋入地中的长度应在 10 m 以上。

通信局(站)建筑物上的航空障碍信号灯、彩灯及其他用电设备的电源线,应采用具有金属护套的电力电缆,或将电源线穿入金属管内布放,其电缆金属护套或金属管道应每隔 10 m 就近接地一次,电源芯线在机房入口处应就近对地加装避雷器。

通信局(站)内的工频低压配电线,宜采用金属暗管穿线的布设方式,金属暗管两端及中间必须与通信局(站)地网焊接连通。

通信局(站)内交、直流配电设备及电源自动倒换控制架,应选用机内有分级防雷措施的产品,即交流屏输入端,自动稳压稳流的控制电路,均应有防雷措施。

在市电油机转换屏(或交流稳压器)输入端、交流配电屏输入端三根相线及零线分别对地加装避雷器,在整流器输入端、不间断电源设备输入端、通信用空调输入端,均应按上述要求增装避雷器。

太阳电池的输出馈线应采用具有金属护层的电缆线,其金属护层在太阳电池输出端和进入机房入口处应就近分别与房顶上的避雷器带焊接连通。芯线应在入机房前入口处——对地就近安装相应电压等级的避雷器。太阳电池支架至少有两处用40×4的镀锌扁钢就近和避雷带焊接连通。

风力发电机的交流引下电线应从金属竖杆里面引下,并在进入机房前入口处安装避雷器,防止感应雷进入机房。

七、PS 通信电源的防雷

1. 压敏电阻和气体放电管

压敏电阻和气体放电管是两种常用的防雷元件,前者属限压型,后者属开关型。

压敏电阻属半导体器件,其阻抗同冲击电压和电流的幅值密切相关,在没有冲击电压或电流时其阻值很高,但随幅值的增加会不断减少,直至短路,从而达到箝压的目的。目前用在 PS 通信电源交流配电部分的压敏电阻有:

OBO 防雷器中可插拔的 V20-C-385:最大持续工作电压 AC385 V,最大通流量 40 kA,白色。

SIEMENS 公司的 SIOV-B40K385 和 SIOV-B40K320:最大持续工作电压分别为 AC385 V 和 AC320 V,最大通流量 40 kA,块状,蓝色。

德国 DEHN 公司的 DehngUard 385:最大持续工作电压 AC385 V,最大通流量 40 kA,红色。

目前用在整流模块内的压敏电阻主要是 SIEMENS 公司的 S20K385、S20K320 和 S20K510,最大通流量为 8 kA,最大持续工作电压分别为 AC385 V、AC320 V 和 AC510 V,圆片状,蓝色。

压敏电阻的响应时间一般为 25 ns。

与压敏电阻不同,气体放电管的阻抗在没有冲击电压和电流时很高,但一旦电压幅值超过其击穿电压就突变为低值,两端电压维持在 200 V 以下。以前没有用到气体放电管,现用于新防雷方案中,其击穿电压是 DC600 V,额定通流量为 20 kA 或 10 kA。

2. PS 通信电源的防雷措施

新的电源防雷方案,严格依照 IEC 664、IEC 364-4-442、IEC 1312 和 IEC 1643 标准设计和安装,出厂时均为两级防雷。对个别雷害严重、动力环境防雷不完备或有其他特殊要求的用户,帮助其设计和安装 B 级防雷装置,构成先进的三级防雷体系。

新方案同老方案的主要区别是:

(1)在压敏电阻和气体放电管前均串联有空气开关或保险丝,能有效防止火灾的发生。

(2)不是在三根相线对地、零线对地之间直接装压敏电阻,而是在三根相线对零线之间装压敏电阻,在零线对地之间装气体放电管。

新方案的接线示意如图 9-8 所示。

同 OBO 防雷器类似,Dehnguard 385 也可监控,也有正常为绿、损坏变红的显示窗。Dehngap C 无报警功能,无显示窗。防雷盒上有指示灯,正常时发绿光,损坏后熄灭。防雷器或防雷盒出现故障后,必须及时维修。

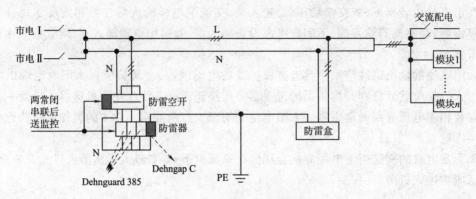

图 9－8　新防雷方案接线示意图

八、接　　地

1. 通信电源动力环境的接地

依据铁道部 2010 年《通信维护暂行规则技术规定》,对通信电源动力环境的接地要求:

(1)通信局(站)的接地方式,应按联合接地的原理设计,即通信设备的工作接地、保护接地、建筑物防雷接地共同合用一组接地体。

(2)避雷器的接地线应尽可能短,接地电阻应符合有关标准的规定。

(3)变压器高、低压侧避雷器的接地端、变压器铁壳、零线应就近接在一起,再经引下线接地。

(4)变压器在院内时,变压器地网与通信局(站)的联合地网应妥善焊接连通。

(5)直流电源工作接地应采用单点接地方式,并就近从接地汇集线上引入。

(6)交、直流配电设备的机壳应单独从接地汇集线上引入保护接地,交流配电屏的中性线汇集排应与机架绝缘,严禁接零保护。

(7)通信设备除工作接地(即直流电源地)外,机壳保护地应单独从汇集线上引入。

2. 通信电源的接地

通信电源的接地包括安全保护接地、防雷接地和直流工作接地。

安全保护接地亦即将机壳接地。在 PS 通信电源中,依据 IEC 标准,防雷接地和安全保护接地共用。该接地引线应选用铜芯电缆,其横截面积一般取 $35\sim95\,\mathrm{mm^2}$,长度应小于 30 m(协调防雷器的响应时间,快速将雷电泄放至大地)。工频接地电阻值应符合《通信局(站)电源系统总技术要求》,建议小于 3 Ω。

直流工作接地亦即将电源直流输出端的正极接地,原则上应与安全保护接地和防雷接地共用,若分开,接地引线电缆的横截面积、工频接地电阻值由用户视负载情况而定。

九、防雷器非正常损坏的一些因素

除雷电冲击波以外,还存在另外一些过电压,如:变压器高压绕组发生接地故障时,在低压侧引起的工频持续过电压;脉宽在 0.1 s 以内、幅值一般不超过 6 kV 的操作过电压;脉宽在 0.1 s 到 0.2 s,幅值一般不超过 3 kV 的暂时过电压。

对雷电冲击波、操作过电压和暂时过电压,电源防雷装置一样能够且必须为通信电源提供保护。若这些过电压的能量太大,超过防雷器的最大吸收能量,防雷器将不可避免地失效,这属正常现象。

防雷器只能用于吸收脉宽较窄的尖峰电压,不能用来吸收能量极大的工频持续过电压。但我国的电网,特别是农村电网,工频持续过电压却不时发生,所以我们经常碰到的是没有雷击,防雷器也坏。下面结合电源防护经验,介绍一些导致防雷器失效的电网质量问题。

1. 接地故障引起的工频持续过电压

常用的低压电力网有两种型式,一种是变压器中性点直接接地、设备外壳单独接地,两接地无电气连接的 TT 配电系统;另一种是变压器中性点直接接地、设备外壳接地亦通过变压器的接地来实现的 TN-S 配电系统。对防雷器危害最大的接地故障是变压器高压绕组发生接地故障,这时两种配电系统的工频持续过电压分别如图 9—9、图 9—10 所示,其中地电位 U_g 幅值取值见表 9—2。

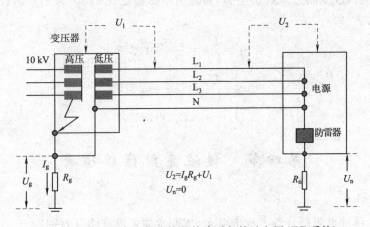

图 9—9　变压器高压绕组接地故障引起的过电压(TT 系统)

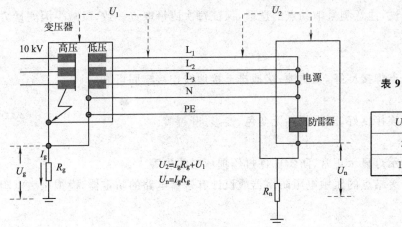

图 9—10　变压器高压绕组接地故障引起的过电压(TN-S 系统)

表 9—2　IEC 364-4-442 中规定的地电位 U_g 的幅值

U_g 幅值	容许持续时间
250 V	≥5 s
1 200 V	<5 s

2. 零线对地电压漂移的影响

三相负载严重不平衡或通信电源距离变压器较远,都可能使零线对地电压 u_{N-PE} 出现较大漂移。这时,如果在相线对地之间直接装防雷器,则防雷器端电压 u_{SPD} 为相电压 u_{L-N} 与零线对地电压的矢量和,即:

$$u_{SPD} = u_{L-PE} = u_{L-N} + u_{N-PE}$$

显然,防雷器很容易因端电压超过其最大持续工作电压而失效。

3. 稳压器的影响

交流稳压器有两种,一种是参数式的,另一种是机械式的。前者的响应时间较短,一般小于 0.1 s。

机械式交流稳压器是通过伺服电机改变副边绕组匝数来实现稳压的,其反应时间和调节时间主要取决于惯性较大的伺服电机,各为 0.5 s 左右。这种稳压器,在电网电压频繁波动或瞬时停电时,将因来不及反应而给电源防雷器、电源整流主回路造成损害。举例来说,当电网电压 U_{O1} 为 160 V 时,稳压器副边匝数比应为 η_1。若这时电网电压突然升高至 U_{O2} 为 270 V,则稳压器将因伺服电机来不及反应,在输出中有幅值为 U_A 371.3 V、脉宽小于反应时间的尖峰,而后在调节时间内改变副边匝数比至 η_2,将输出电压稳定在 220 V 左右。因此,尽量不要使用机械式稳压器。

$$\eta_1 = \frac{U_n}{U_{O1}} = \frac{220}{160} = 1.375$$

$$\eta_2 = \frac{U_n}{U_{O2}} = \frac{220}{270} = 0.815$$

$$U_A = \eta_1 \cdot U_{O2} = 371.3$$

第四节　接地系统维护项目

1. 接地电阻

检测标准:接地电阻符合参考标准要求(或两次测量没有明显差别)。

检测工具:地阻仪。

检测方法:符合性测试,注意测量辅助点的选取,保证每次测量取点一致,以减少因测量方式不同造成的偏差。

2. 接地连接

检测标准:地网引出点焊接良好,无锈蚀;接地排上接地线连接牢固可靠。

3. 防雷部件

检测标准:防雷接地连接良好,防雷部件无变色、变形、开裂等。

4. 雷击告警

检测标准:防雷器指示灯显示正常,防雷部件过压损坏时能告警。

检测方法:对于有告警结点的压敏电阻防雷器或设计有告警电路的防雷器,模拟压敏电阻损坏时应能告警。

本章小结

1.“接地”,就是为了工作或保护的目的,将电气设备或通信设备中的接地端子,通过接地装置与大地作良好的电气连接,并将该部位的电荷注入大地,达到降低危险电压和防止电磁干扰的目的。

2. 接地装置的接地电阻,一般是由接地引线电阻,接地体本身电阻,接地体与土壤的接触电阻及接地体周围呈现电流区域内的散流电阻 4 部分组成。其中影响最大的是接触电阻和散流电阻。

3. 影响土壤电阻率的因素主要有：土壤的性质、土壤的温度、土壤的湿度、土壤的密度和土壤的化学成分。

4. 距离接地体越远，接地的对地电压越小、接触电压越大、跨步电压越小。

5. 通信电源接地系统，按带电性质可分为交流接地系统和直流接地系统两大类。按用途可分为工作接地系统、保护接地系统和防雷接地系统。

6. 随着外界电磁场干扰日趋增大，分设接地系统的缺点日趋明显。目前普遍采用联合接地系统，由接地体、接地引入、接地汇集线和接地线组成，并使整个大楼内的所有接地系统联合组成低接地电阻值的均压网。

7. 雷电的危害越来越被重视，雷击分为两种形式：感应雷与直击雷。常见的防雷元器件有接闪器、消雷器和避雷器三类，其中金属氧化物避雷器（MOA）由于其理想的阀阻特性和防雷性能已被广泛用作低压设备的防雷保护。

8. 根据遭受直击雷或间接雷破坏的严重程度不同，防雷区划分为第一级、第二级、第三级和第四级防雷区。

9. 通信防雷保护系统的防雷器配合方案为：前续防雷器具有不连续电流/电压特性，后续防雷器具有防压特性。前级放电间隙出现火花放电，使后续防雷浪涌电流波形改变，因此后级防雷器的放电只存在低残压的放电。

复习思考题

1. 联合接地的定义？

2. 接地系统由哪些装置组成？

3. 影响土壤电阻率的因素有哪些？

4. 为什么设备保护接地要求就近接地？

5. 用图表示交流工作接地的接法，并说明交流工作接地的作用。

6. 画一个TN-S系统示意图，并说明A相搭壳后的保护过程；PE线和N线严格绝缘布放的原因。

7. 直流工作接地的作用有哪些？通常正极接地的原因是什么？

8. 联合接地系统相比分设接地系统的优点有哪些？

9. 解释模拟雷电流波形的含义。

10. 阀式避雷器和金属氧化物避雷器在结构上有何不同？

11. 什么是避雷器的残压？它有什么危害？

12. 在通信电源系统中防雷器的安装与配合的原则是怎样的？

第十章
电源设备维护常规

电源是通信系统的心脏,为了保障系统稳定、可靠地运行和优质供电,良好的电源设备的运行管理和维护工作是非常必要的。

第一节　电源机房安排

一、电源设备维护分界规定

(1)电源机房至各专业通信机房的交、直流馈电线缆,以引入专业通信机房的进线第一端子(含进线第一端子)或主干汇流排末端分界。

(2)馈电缆线进入(或通过)各通信机房,其清扫、整理工作由相关通信机房责任单位负责。

二、电源设备维护工作的基本任务

(1)保证向电信设备不间断地供电,供电质量符合标准。

(2)通过经常性的维护检修和定期大修理,保证设备稳定、可靠运行,延长设备使用时间。

(3)迅速准确地排除故障,尽力减少故障造成的损失。

(4)经常保持设备和环境整洁,使机房环境符合设备运行的基本要求。

(5)采用新技术,改进维护方法,逐步实现集中监控、少人值守或无人值守。

概括起来说,电源设备维护包括日常维护、定期检查和技术改造 3 个方面。设备的维护主要是根据行业规范与标准、当地规定来操作。

三、通信电源机房布局

通信机房应安装具有雷电防护和分路功能的交流引入配电箱(配电屏)。机房内高频开关电源、UPS、空调、照明等负载应从配电箱内不同分路开关引接。通信机房电力引入分界点(配电屏、箱或机房内)应设有电能计量装置。

四、电源设备配线

电源设备的进出配线应整齐、牢固,必须绝缘良好,应采用具有阻燃绝缘层的铜芯软电缆。馈电线缆应按以下规定颜色配置:交流电缆(线):A 相,黄色;B 相,绿色;C 相,红色;零线,天蓝色或黑色;保护地线,黄绿双色。直流电缆(线):正极,红色;负极,蓝色。

在同一路径内,交流与直流电源线间隔 100 mm 以上,若因条件限制而不能达到要求时,交流电源线必须采用具有屏蔽层的绝缘线或穿入钢管敷设,并将屏蔽层或钢管的一端接地。

直流电源仅允许供给通信设备(含电源及机房环境监控系统设备)及事故照明使用。

所有通信电源设备必须保持完好,其标准是:机械性能良好、电气特性良好、运行稳定、可靠、技术资料、原始记录及测试记录齐全。

第二节 维护档案资料

维护档案资料是设备维护必不可少的文件,通常维护档案资料包括:机房设计文件、设备档案、设备使用说明书、维护日常记录文件等。要有效维护电源设备,必须建立完整的维护档案资料,并明确规定各种档案文件的归档路径、查阅方法等。以下为常用维护档案资料清单。

一、电源室必须的技术资料清单(见表 10－1)

表 10－1 电源室必须的技术资料清单

技术资料项目	备 注
机房设备平面布置图	机房设计文件,以交工验收文件为准
交、直流供电系统图	机房设计文件,以交工验收文件为准
供电系统布线图和配线表(标明型号、规格、长度、条数)	机房设计文件,以交工验收文件为准
设备说明书	设备附件资料
地线网布置图	地网设计文件
竣工验收资料	除设计文件以外的清单、工程报告类文件
有关的文件、规章制度、协议、守则等	

二、电源室记录文件

电源设备维护中,有许多过程内容需要做好记录,以便于对设备运行状况作统计分析。以下提供了部分记录样表,供用户选用,用户也可以根据需要自行设计记录表,其中电源室所需文件见表 10－2 至表 10－8。

表 10－2 电源室日常记录清单

电力室记录表单名称	备 注
值班日志	流水记录,含交接班记录
设备运行记录	流水记录,电源、电池、空调油机等
蓄电池测试记录	电池测试专用表格
机历簿	设备启用、停用、大修、故障及重要测试数据填入机历簿
维修报告	含故障分析报告
电网运行记录	变、配电室停电、供电记录和高压操作票

表 10－3　值班日志

×××局站值班日志				
日期	时间	值班人	值班工作要点	问题与特殊事件

填表说明：

①值班日志为流水记录，记录周期小于交接班周期即可。

②值班工作要点主要描述值班过程完成的工作，如清扫、通风、接待来访等日常工作。

③问题与特殊事件栏主要记录值班中设备与环境出现的问题，如交流停电、电源设备故障告警、设备维修、设备测试等。

表 10－4　设备运行记录

×××设备运行记录												
日期	运行状态描述	测试参数记录										记录人
		参数1	参数2	参数3	参数4	参数5	参数6	参数7	参数8	参数9	参数10	

填表说明：

①设备运行记录最好一台设备一份记录。

②运行状态描述指设备运行是否正常，如：带故障运行，待维修；运行正常；交流过压，强制开机运行等。

③测试记录的条目可以自行确定，如电源设备可以包括：电网电压、频率、直流负载电流、充电/放电电流、输出电压等。

表 10－5　电池测试记录表

×××局电池测试记录表				
电池组号		电池容量	测试时间	
电池型号		测试人	测试结果	□正常　□不正常
电池序号	浮充测试记录单体电压(V)	放电20%测试单体电压(V)	放电60%测试单体电压(V)	放电100%测试单体电压(V)	均衡充电测试单体电压(V)
1					
2					
3					
4					
⋮					
24					

填表说明：

①电池测试主要作单体电压测试，例行测试包括浮充时测试、均充时测试和放电时测试，测试不必每节电池都测，可以定义 4～6 节标示电池作为测量对象。

②电池容量测试时，要记录电池组的总电流，可以在表格中放电 100% 后增加一栏，放电电流。

③放电时电池电压测试记录周期为电池设计支撑时间的十分之一，即记录 10 组测量值。

表 10－6 机 历 簿

设备名称			设备型号		装机日期	
时间	事件描述	事件原因	处理结果	处理人		记录人

填表说明：

①机历簿主要记录设备日常维护、故障与维修操作。

②事件描述指设备发生什么故障、做哪些检查和处理。

③设备发生故障时需要填写故障原因及其分析。

④处理结果指更换备件、参数设定等具体处理操作及操作后的设备运行状态。

表 10－7 维修报告

×××设备维修报告

维修报告编号			维修日期		年 月 日
维修单位			安装日期		年 月 日
维修人		联系电话			
设备型号		设备编码		设备配置	

□初次返修 □再次返修 □雷击 □过压 □其他 □硬件 □软件

□安装质量问题 □品质/设计问题 □遗留问题 □使用操作问题

故障定位(电源)：□交流 □直流 □模块___个 □监控 □后台 □机柜

故障现象(直接到观察故障现象/测试确认的故障点现象)

1.
2.
3.
4.

维修信息(除电缆、结构件外，此栏不能用文字描述，无编码部件可不填写编码)

序 号	故障件型号/名称	损坏件编码或版本	使用备件编码或版本
1			
2			
3			
4			

维修结果(故障简要分析与维修后设备运行状态)

维修人： 日期： 年 月 日

表 10－8　电网运行记录

日期	时间	记录人	V$_{ab}$	V$_{bc}$	V$_{ca}$	V$_{n-gnd}$	f(Hz)	I$_a$	I$_b$	I$_c$	停电时间	来电时间	电网检修开始	电网检修结束	操作票编号	备注

填表说明：

①电压测量要选定固定的测试点，如开关电源的受电端子。

②停电/来电记录可以跨日期填写，在两个时间之间画一条斜线。

③检修中有高压操作时，操作人员需填写操作表，在表格中填写票号。

第三节　维护工具与设备

电源设备维护中，需要用到一些常用的工具和仪器，通信工区（或专门维护工区）应根据维护需要配备必要的仪器、仪表，如数字万用表、蓄电池容量测试仪、数字钳形电流表、接地电阻测试仪、兆欧表、杂音计等，详细见表 10－10。工具与设备的使用请参照其使用说明书，本节不作详细介绍。常用工具设备清单见表 10－9。

表 10－9　电源室常用工具

名　称	数量	用　途
尖嘴钳	1件	器件管脚成形，管脚上裸线绕线，密集元件面焊接与装配的辅助夹具
偏口钳（斜口钳）	1件	剪多余导线、剪焊接面管脚、剪尼龙扎线卡
镊子	1件	焊接辅助夹持工具、清洁夹持工具、小型元件摄取、细小导线绕线
一字型螺丝刀	1套	装、拆一字槽螺钉、开箱工具
十字型螺丝刀	1套	装、拆十字槽螺钉
固定扳手（双头形、梅花形）	1套	搬动六角和四脚螺栓、螺母
套筒扳手	1套	螺丝面无操作空间时旋具
活动扳手	1套	搬动六角和四脚螺栓、螺母。注：使用中活动舌头朝向旋转方向内侧
电烙铁	1件	元器件焊接
排刷	1件	清理箱体内部灰尘、清扫设备
手锯	1件	锯母线与电缆。注：锯条齿口方向不能朝向手柄
电工刀	1件	电缆剥皮等
电工橡皮锤	1件	电缆整形、设备位形矫正
辅料（非备件类）		常用辅料包括：绝缘胶带、不干胶标签纸、焊锡、尼龙扎带等

表 10－10　电源室应配备的主要仪器仪表

名　称	规格程式	数量	用　途
数字万用电表	4 位半	2 至 3	测量交直流电压、电流，电阻
接地电阻测试仪		1	测量接地电阻

续上表

名　称	规格程式	数量	用　途
转速表（0～300 r/min）		1	油机发电机等设备转速测量
数字式兆欧表（耐压 500 V、1 000 V）		各1	耐压测试
数字式交流钳形电流表	3 位半	2	电流测量
数字式直流钳形电流表	3 位半	2	电流测量
红外线测温仪		1	设备表面、连接点温度测量
示波器		1	电压、电流波形观察、峰值杂音测试
电力谐波分析仪	1 级	1	分析谐波成分
高低频杂音测试仪		1	杂音测量
＊安时计		1	电池容量测量
＊相序表		1	油机、电网相序检查
＊交直流负载器		1	电网、整流器、电池负载能力测量与试验
蓄电池容量测试仪		1	测蓄电池

注：带＊的仪器仪表，电源设备较少的电源室可酌情配置。

第四节　维护参考技术标准

电源系统由交流供电、直流供电和接地系统 3 部分组成。为了保证通信质量和供电安全，供电质量必须符合一些基本的质量标准。表 10－11、表 10－12、表 10－13 分别为直流、交流和接地电阻的参考标准。

表 10－11　直流供电质量标准

标准电压（V）	电信设备受电端子上电压变动范围（V）	杂音电压（mV）			供电回路全程最大允许压降（V）
		衡重杂音	峰－峰值	宽频杂音（有效值）	
－48	－40～－57	≤2	200 0～300 kHz	≤50　3.4～150 kHz ≤5　150 kHz～30 MHz	3
24	19.8～28.2	≤2.4			1.8

注：直流供电回路接头压降（包括放电母排输出馈电线保险、电池接头等）应符合下列要求，或温升不超过允许值。
　　①1 000 A以下，每百安培≤5 mV。②1 000 A 以上，每百安培≤3 mV。

表 10－12　交流供电质量标准

标称电压（V）	受端子上电压变动范围（V）	频率标称值（Hz）	频率变动范围（Hz）	功率因数	
				100 kV·A 以下	100 kV·A 以上
220	187～242	50	±2.5	≥0.85	≥0.9
380	323～418	50	±2.5	≥0.85	≥0.9

注：交流供电要求三相供电电压不平衡度不大于 4%。

表 10－13　通信局(站)接地电阻参考标准

通信局(站)名称	接地电阻值（Ω）
综合楼、国际电信局、汇接局、万门以上程控交换局、2 000 线以上长话局	<1
2 000 门以上 1 万门以下的程控交换局 2 000 线以下长话局	<3
2 000 门以下程控交换局、光缆端站、载波增音站、卫星地球站、微波枢纽站	<5
微波中继站、光缆中继站	<10
微波无源中继站	<20（当土壤电阻率大时,可到 30）

第五节　机 房 管 理

一、机房管理的一般要求

1. 机房的环境要求

(1)应保持整齐、清洁。

(2)室内照明应能满足设备的维护检修要求。

(3)室内温湿度应符合本规程的要求。

2. 机房的管理

(1)应设置灭火装置,各种灭火器材应定位放置,定期更换随时有效,人人会使用。

(2)保持设备排列正规,布线整齐。

(3)应配备有仪表柜、备品备件柜、工具柜和资料文件柜等,各类物品应定位存放。

(4)门内外、通道、路口、设备前后和窗户附近不得堆放物品和杂物,以免防碍通告和工作。

(5)认真做好防火、防雷、防冻、防鼠害工作。

(6)无人值守机房必须安装环境监视告警装置,并将告警信号送到监控管理中心。

(7)维护人员应严格执行机房管理细则。

二、仪表工具的管理

工具、仪表是专用器材,应认真管理,并做到:

(1)专人管理,放置整齐,账、卡、物一致。

(2)定期检验仪表、工具,不合格的工具、仪表不得使用。

(3)工具、仪表借用时应办理借还手续,禁止私自领取做他用。

三、维护备品备件和材料的管理

电源室或电源维护中心的备品备件和材料,实行集中管理,专人保管。

(1)加强零备件的计划管理,每年按时汇总,并办理申报手续。

(2)贮备一定数量的易损零备件,并根据消耗情况及时补充,为防止零备件变质和性能劣化,存放环境应与机房环境要求相同。

(3)加强零备件和材料的质量检查,不合格产品不出库。

若运行中的设备发生故障且已查明故障部位时,可用备用件代替。在未查明设备故障原因时,不得插入备件试验。硫酸应专室存放。

第六节　维护操作

一、日常维护

电源设备日常维护主要包括机房环境管理和设备运行状态查询等。机房环境管理的基本要求在上一节已经作了完整的叙述。设备运行状态查询是日常记录的一部分,一般包括以下项目:

(1)开关电源设备,运行状态查询可以在监控单元上完成,可以查询的状态参数包括:电网电压、电网频率、直流输出电压、均充/浮充状态、充电/放电电流、负载总电流、各模块电压与电流、告警历史记录等,查询方法请参看开关电源的《用户手册》。

(2)供电状况流水记录,开关电源设备可以测量电网电压和记录停电告警,但不能完成统计功能。要对电网运行状态作统计分析,还必须有详细的电网状况流水记录,电网状况记录周期一般为 2 h 左右,记录电网各相电压、电流、停电起始与恢复时间、油机启动与关闭时间等。

(3)直流供电状况流水记录与交流供电记录的要求比较接近,记录的项目包括:直流输出电压、主要负载电流、充电/放电电压和电流、负载总电流等。

(4)故障维修,前面各章已经对电源设备的故障检修作了详细描述,其他设备检修与维修依据厂家提供的要求和方法操作。但日常维护中必须注意,将故障原因与维修结果记录到机历簿,机房中每种设备单独建立机历簿。

二、巡　检

作为通信动力设备的核心的通信电源,在使用中处于在线不间断运行状态,不可能通过停机大修等方式实施半年或年度检修。动力维护单位通常采用的作法是对设备作巡检。

巡检是一种有目的、有计划的对设备进行运行状态、性能指标进行检查和测试的方法,从提高工作效率和降低费用上考虑,尽量不要单独针对电源设备作巡检。一般每次巡检要求能覆盖所有的动力设备与环境,包括:机房环境、基础电源、油机发电机、电池、低压配电柜、空调、接地系统、防护设备、消防设备、动力环境监控设备等。

通信电源的不间断在线运行方式,也使得巡检中对电源设备检测的全面性受到限制。如何从可检测项中获得完整的设备运行信息,消除设备潜在的事故隐患,是巡检实施中需要认真考虑的,因此,对巡检操作需要有良好的策划。下面对巡检过程作较为详细的描述。

1. 巡检策划

(1)巡检目的

电力电池电源设备巡检一般包括春季巡检和秋季巡检,两次巡检的目的是不完全一样的。春季巡检是为了保障设备在潮湿的雨季和雷季中的运行安全,对设备接地系统状况、耐压参数与防雷部件等作检查。秋季巡检是为了保证设备在干燥的冬季,特别是春节期间保持良好的运行状态,对设备的性能指标、负荷能力、电池容量、供电安全、机房安全等作检查。不论是春季还是秋季巡检,都需要检查的项目包括机房温湿度、设备防尘电线电缆状况、连接点状态等。

(2)巡检要求

巡检往往是在设备处于正常运行状态下实施的,这使得巡检非常容易流于走形式,因此在巡检策划时必须明确对巡检的要求,并有良好的检查控制措施。对巡检的基本要求一般包括:

①明确巡检内容。即根据巡检所要达到的目标,确定本次巡检的具体项目,编制每个检查项的操作程序。

②规定巡检对象和范围。在维护部门管理的设备量较多时,每次巡检不可能全检。因此在巡检策划时,要明确界定哪些设备必须检查,哪些设备可以不检查,尽量降低巡检成本。巡检对象的确定时,按照重要局(站)、事故多发局(站),较长时间没有检修的局站优先的原则。推荐的巡检范围界定原则是:

a. 安装运行三个月没有返修和巡检的设备。

b. 上次维修超过三个月没有巡检的设备。

c.(春季巡检)运行环境可能发生水侵的设备。

d.(春季巡检)周边环境容易遭受雷击的设备。

e.(秋季巡检)供电电压波动大的局站设备。

f. 偏远的无人值守局(站)等。

③限制巡检时间。巡检要有计划控制,保证巡检工作的效率。

④作好费用预算。巡检中会涉及人力、车辆、工具、材料、备件等费用发生,在巡检前一定要作好费用预算,保证巡检工作有较高的投入产出比。

另外,巡检开始前的培训工作和巡检路线安排也很重要。用户在巡检前,可以请服务工程师作巡检前的培训或现场演示。

(3)计划

巡检策划的结果是形成巡检计划,动力设备维护部门可以自行编制巡检计划,计划应包含以下内容:

①人员安排。

②车辆安排。

③工具、材料采购计划。

④巡检实施进度控制表等。

对于巡检实施进度控制表计划,必须做到具体的局(站)、具体的责任人、具体的实施日期等,以提高计划的可控性,避免操作者的随意性。

2. 巡检操作

(1)准备

巡检准备的内容比工程准备简单得多,主要是按照巡检计划落实人员安排、车辆安排、工具材料购买等事项,保证巡检能顺利实施。

(2)现场作业

巡检现场作业的主要工作是检查、试验和测量。检测根据策划报告规定的项目实施,巡检操作项目,根据需要从“日常维护条目”中选取。

(3)巡检记录

巡检一般用表格记录,表格的内容在巡检前确定,参考表见表10-14,一些项目局站可以增删。

表 10-14　电力电池设备巡检记录表

编号：＿＿＿＿＿＿＿

局(站)名称			电源型号/配置		
电源编码			电池型号/容量		
空调型号		油机发电机		低压配电	
环境监控设备					
巡检人		巡检日期			
巡检项目	标准	检查/测试结果	巡检项目	标准	检查/测试结果

3. 巡检总结

(1)统计分析

巡检结束后，要对巡检作统计分析，基本分析项目包括：

①巡检覆盖率：本次巡检局(站)数量与维护部门维护的局(站)总量的比值的百分值。

②计划完成率：本次实际完成巡检量与计划完成巡检量的比值的百分值。

③问题统计分析：根据《电力电池设备巡检记录表》的巡检项目对发现的问题进行分类统计，在检测内容不多时可以直接安装检查内容分项统计。

④预算执行分析：策划时预计的费用与实际完成费用的比较分析。

(2)巡检报告

①报告内容要点：巡检报告写作的目的是为了对巡检工作作一个总结，特别是巡检中发现的问题的分析总结，同时也要对今后维护工作提出建议或对策。巡检报告也是上级领导对相关工作作决策的依据之一。

②巡检报告应该包括的主要内容：数据统计、数据分析与说明、问题与对策建议等。数据统计包括巡检覆盖率、计划完成率、预算执行分析、问题分类统计等；数据分析与说明是对每一个数据作说明和解释，即面向结果分析原因；问题与对策部分主要是经过详细分析后，总结出维护中需要解决的 2～3 个关键问题或有代表性的问题，作出对策分析，并制定整改计划。

巡检报告撰写完成后，除了将巡检报告送交上级主管部门审查并作为工作决策参考外，动力设备维护部门还要将巡检的过程文件归档，作为设备维护记录之一。巡检记录文件一般包括：

a. 巡检策划报告：上级主管部门审批件。

b. 巡检计划书：巡检执行部门主管审批件。

c. 巡检单：每个局站一张表单，集中归档。

d. 巡检过程记录：如电池测试记录、监控系统打印报表、有人站日常记录等。

e. 巡检总结报告：归档文件主体。

以上报告和文件编目时作为巡检报告附件。

三、机房环境与消防设备维护项目

1. 温湿度

检测标准：电力电池机房温度范围：－5～40 ℃；相对湿度：20%～80%。

检测工具:温湿度计。

检测方法:湿度计测量的为相对湿度,测量时要注意保持水气采集体的干净、无污染。

2. 粉尘

检测标准:无明显积尘。

检测方法:对粉尘易于堆积的地方目测检查,如墙角、机柜顶部等。

3. 照明

检测标准:机房照度可以满足机箱内维护操作。

检测方法:对电源设备背离光源的部分作目测检查。

4. 通风

检测标准:电池机房必须有良好通风。

检测方法:定期开启门窗通风,减少机房腐蚀性、易燃易爆性气体富积。

5. 噪音

检测标准:空调、整流模块风扇运行无异常声音;变压器、滤波器无异常声音;噪音符合指标(50 dB)。

检测工具:指标测试可用声级计。

6. 消防器材

检测标准:消防设备布置符合设计规定;消防器材在有效期内且年检标志齐全。

检测方法:符合性、有效性检查,目测方法。

7. 密闭性

检测标准:门窗关闭后,括风时没有明显的进风啸叫;机房没有屋顶渗漏、窗户与管线进水。

检测方法:目测,耳听。

本章小结

1. 本章主要从机房环境、交直流供电、电池等几个方面讲述了电源设备的维护。

2. 通信网络的正常运行,归根结底是电源网络各种设备运行参数必须符合指标的要求,必须对电源网络的各种参数进行定期或不定期地测量和调整,以便及时了解电源网络的运行情况。

3. 交流参数指标的测量包括:交流电压、交流电流、频率、正弦畸变率和三相不平衡度等的测量。

4. 很多供电设备对供电容量的限制,很大程度上是出于对设备温升的限制,过高的温升会使得设备绝缘破坏、元器件烧毁等,继而引起短路、通信中断,甚至产生火灾等严重后果,红外点温仪是测量温升的首选仪器。

5. 整流模块作为直流供电系统的基本组成单元,熟练掌握其各项技术指标的测试方法对于保证通信网络的供电安全具有重要的意义,其包括:直流输出电压调节范围、均流和限流性能、开关机过冲幅值和软启动时间等的测量。

6. 直流杂音的电压过大将会影响通信质量及通信设备工作的稳定和可靠,直流杂音电压可以分为电话衡重杂音电压、离散杂音电压、宽频杂音电压和峰—峰值杂音电压等指标来衡量。

7. 油机发电机组平时的维护,除了定期检查水位、油位等以外,特别对于电气特性的检测是必不可少的。油机的电气特性主要有绝缘电阻、输出电压、频率、正弦畸变率、功率因。

8. 合理良好的接地系统可以保证建筑及电气设备免遭雷击的损害,保证供电系统的正常工作,在用电设备发生漏电时保护人身的安全。接地系统的接地电阻每年应定期测量,并保证接地电阻符合指标要求。测试的方法中常用的方法为直线布极法,常用的仪表为 ZC−8 型一类的接地电阻测量仪。

9. 通信机房对环境要求越来越高,对机房空调的日常性能测试维护也越来越重要,主要的测试有制冷系统工作时的高压低压和空调运行时各种工况下的工作电流。

1. 巡检时,应覆盖哪些环境和动力设备?

2. 通信电源日常测量操作的基本要求有哪些?

3. 根据测量误差的性质和特点,测量误差可分为哪几类? 请分别谈谈在实际测量时应如何减小或避免测量误差?

4. 日常测量交流电压或电流常用的万用表测得的是交流有效值,如果想得到该交流分量的峰值,有哪些方法? 并简述其注意事项。

5. 钳形表测量小电流时往往精度不高,为了提高测量精度,可采用什么办法? 请详细描述该方法。

6. 什么是温升? 测量电源设备或元器件温升时有什么注意事项?

7. 某导线中实际负载电流为 $2\,000\,\text{A}$,在某接头处测得的接头压降为 $70\,\text{mV}$,该处接头压降是否合格?

8. 设有直流回路设计的额定值为 $48\,\text{V}/1\,500\,\text{A}$,在蓄电池单独放电时,实际供电的电压为 $50.3\,\text{V}$,电流为 $800\,\text{A}$,对 3 个部分所测得压降为 $0.15\,\text{V}$,$0.2\,\text{V}$ 及 $1.1\,\text{V}$,该系统直流回路压降是否合格?

9. 整流器要求直流输出电压应能在一定范围内调节的原因是什么?

10. 整流器限流功能包含哪些内容?

11. 某开关整流器已知直流输出设定值为 $54\,\text{V}$,在不同条件下共测得直流输出电压 5 组:$54\,\text{V}$,$53.8\,\text{V}$,$54.2\,\text{V}$,$54.6\,\text{V}$ 及 $53.6\,\text{V}$,就这 5 组数据而言,该整流器的稳压精度是否合格?

12. 为什么用杂音计测量电源系统杂音时,测量仪表需要机壳悬浮?

13. 某电源系统两组蓄电池组并联,现发现容量都已经过小,需要更换新电池,请制定一套更换的安全方案。

14. 画出用直线布极法测量系统接地电阻的示意图。如果接地体周围全部是水泥地面,没法找到打辅助电极的位置,如何解决?

15. 测试空调高低压力有何意义? 测试的方法和步骤有哪些?

参 考 文 献

[1]张雷霆. 通信电源. 北京:人民邮电出版社,2009.

[2]中华人民共和国铁道部. 铁路有线通信维护暂行规则. 北京:中国铁道出版社,2010.